TEUBNERS TECHNISCHE LEITFÄDEN

Die Leitfäden wollen zunächst dem Studierenden, dann aber auch dem Praktiker in knapper, wissenschaftlich einwandfreier und zugleich übersichtlicher Form das Wesentliche des Tatsachenmaterials an die Hand geben, das die Grundlage seiner theoretischen Ausbildung und praktischen Tätigkeit bildet. Sie wollen ihm diese erleichtern und ihm die Anschaffung umfänglicher und kostspieliger Handbücher ersparen. Auf klare Gliederung des Stoffes auch in der äußeren Form der Anordnung wie auf seine Veranschaulichung durch einwandfrei ausgeführte Zeichnungen wird besonderer Wert gelegt. — Die einzelnen Bände der Sammlung, für die vom Verlag die ersten Vertreter der verschiedenen Fachgebiete gewonnen werden konnten, erscheinen in rascher Folge.

Bisher sind erschienen bzw. unter der Presse:

Analytische Geometrie. Von Geh. Hofrat Dr. **R. Fricke.** 2. Aufl. Mit 96 Figuren. [VI u. 125 S.] 1922. (Bd. 1.)

Darstellende Geometrie. Von Dr. M. Großmann, Prof. an der Eidgenössischen Technischen Hochschule in Zürich. Band I. 2., durchges. Aufl. Mit 134 Fig. u. 100 Übungsaufg. i. Text. [IV u. 81 S.] 1922. (Bd. 2.). Band II. 2., umgeänd. Aufl. Mit 144 Fig. [VI u.154 S.] 1921. (Bd. 3.)

Differential- und Integralrechnung. Von Dr. L. Bieberbach, Prof. an der Universität Berlin. I. **Differentialrechnung.** 2., verb. und verm. Aufl. Mit 34 Fig. [IV u. 132 S.] 1922. (Bd. 4.) II. **Integralrechnung.** 2., verb. u. verm. Aufl. Mit 25 Fig. [IV u. 152 S.] 1923. (Bd. 5.)

Funktionentheorie. Von Dr. L. Bieberbach, Prof. an der Universität Berlin. Mit 34 Fig. [IV u. 118 S.] 1922. (Bd. 14.)

Einführung in die Vektoranalysis. Mit Anwendungen auf die mathem. Physik. Von Dr. R. Gans, Prof. an der Universität Königsberg. 5. Aufl. Mit 39 Fig. [VI u. 118 S.] 1923. (Bd. 16.)

Höhere Mathematik für Mathematiker, Physiker und Ingenieure. 3 Bände. Von Dr. R. Rothe, Prof. an der Techn. Hochschule in Berlin. Bd. I: Differentialrechnung und Grundformeln der Integralrechnung nebst Anwendungen. Mit 155 Fig. im Text. [VII u. 185 S.] 1925. (Bd. 21.) Bd. II: Integralrechnung, Unendliche Reihen, Vektorrechnung nebst Anwendungen. (Bd. 22.) Bd. III: Raumkurven und Flächen, Linienintegrale und mehrfache Integrale, Gewöhnliche und partielle Differentialgleichungen nebst Anwendungen. (Bd. 23.) [Bd. II u. III in Vorb. 1926.]

Mathematisches Praktikum. Von Dr. H. v. Sanden, Prof. an der Techn. Hochschule in Hannover. [In Vorb. 1926.] (Bd. 27.)

Praktische Astronomie. Geographische Orts- und Zeitbestimmung. Von V. Theimer, Adjunkt an der Montanistischen Hochschule in Leoben. Mit 62 Fig. [IV u. 127 S.] 1921. (Bd. 13.)

Feldbuch für geodätische Praktika. Nebst Zusammenstellung der wichtigsten Methoden und Regeln sowie ausgeführten Musterbeispielen. Von Dr.-Ing. O. Israel, Prof. an der Techn. Hochschule in Dresden. Mit 46 Fig. [IV u. 160 S.] 1920. (Bd. 11.)

Fortsetzung siehe umstehend

Springer Fachmedien Wiesbaden GmbH

TEUBNERS TECHNISCHE LEITFÄDEN
BAND 8

GRUNDRISS DER HYDRAULIK

VON

HOFRAT DR. PHILIPP FORCHHEIMER

PROFESSOR DES WASSERBAUES A.D.
W MITGLIED DER AKADEMIE DER
WISSENSCHAFTEN IN WIEN

ZWEITE AUFLAGE

MIT 117 FIGUREN IM TEXT

Springer Fachmedien Wiesbaden GmbH 1926

ISBN 978-3-663-15380-1   ISBN 978-3-663-15951-3 (eBook)
DOI 10.1007/978-3-663-15951-3

PHOTOMECHANISCHES GUMMIDRUCKVERFAHREN DER DRUCKEREI
B. G. TEUBNER, LEIPZIG

SCHUTZFORMEL FÜR DIE VEREINIGTEN STAATEN VON AMERIKA:
Copyright 1926 By Springer Fachmedien Wiesbaden
Ursprünglich erschienen bei B. G. Teubner in Leipzig 1926.

**ALLE RECHTE,
EINSCHLIESSLICH DES ÜBERSETZUNGSRECHTS, VORBEHALTEN**

Vorwort zur ersten Auflage.

Vorliegender Grundriß der Hydraulik ist ebenso für die Studierenden der Technischen Hochschule, wie für den im Wasserbau, im Tiefbau oder in einem verwandten Zweige tätigen Ingenieur bestimmt. Hauptsächlich habe ich in ihm die Erfordernisse des Bauwesens berücksichtigt, dabei die praktischen Bedürfnisse in den Vordergrund gestellt, die Theorie nur insoweit behandelt, als ihre Kenntnis die Lösung technischer Aufgaben ermöglicht, für deren Bewältigung ein nur handwerksmäßiger Gebrauch der einschlägigen Formeln nicht ausreicht. Durchweg war ich bestrebt, die Lehre durch Beispiele zu erläutern, und vielfach schien es mir angezeigt, durch Beigabe von — größtenteils bekannten — Tabellen ihre Anwendung zu erleichtern. Wenn demnach nicht der Fortschritt, sondern die Verbreitung unseres hydraulischen Wissens das Ziel meiner Arbeit bildete, so führte sie doch zu manchen neuen Einsichten oder Methoden: Die Gleichungen für den Wasserdruck auf ein beliebiges Dreieck, das Verfahren für die Benutzung der Kutterschen Formel, die Bestimmung des Exponenten des Profilradius im Ausdruck für die Geschwindigkeit in Wasserläufen, die Berücksichtigung der Geschwindigkeitshöhe bei Anwendung der Rühlmannschen Zahlentafel, die Angabe, wann ein Hochwasser als Stürmer auftritt, die Behandlungsweise der Streichwehre seien hier genannt.

Dankend sei berichtet, daß Herr Dr. A. Schoklitsch, Konstrukteur an der Technischen Hochschule in Graz, die Freundlichkeit hatte, Urtext und Abdruck vollständig durchzusehen und die Beispiele nachzurechnen. Von ihm rühren auch fast sämtliche Zeichnungen her. Für weitere Verbesserungen bin ich dem beh. aut. Zivil-Ingenieur Dr. J. Kozeny in Wien sowie dem Ingenieur F. Grünig in München verpflichtet.

Ph. Forchheimer.

Vorwort zur zweiten Auflage.

Hiermit übergebe ich nach Verlauf von fünf Jahren den Grundriß der Hydraulik in neuer Auflage der Öffentlichkeit. In diese Zeit fällt die endgültige Absage von den Formeln von Bazin und von Ganguillet und Kutter, welche das Fließen in offenen Rinnsalen betreffen, und die Anerkennung der einfach gebauten Regel von Manning oder eines ähnlichen Ausdruckes. Auch ist durch die Arbeiten von Prof. Hopf und Dr. Fromm sowie von Prof. Kozeny, welcher sich auf die Versuchsreihen von Stanton und Pannel stützen konnte, neues Licht auf die Bewegung in glatten Röhren gefallen. Bei offenen Rinnsalen ist dem Gesagten gemäß die alte Lehre von der Proportionalität von Gefälle und Wurzel aus der Geschwindigkeit endlich zu verlassen, und so habe ich bei der Berechnung der Staulinie der richtigeren Auffassung Raum gegeben. Ähnlich mußte ich für den Brückenstau die neueren Prof. Rehbock zu verdankenden Daten an die Stelle der älteren setzen. Das Entgegengesetzte war bei den Meereswellen der Fall, bei welchen (wie Thorade gezeigt hat) auf die in Vergessenheit geratene Arbeit von Laplace zu verweisen war. Von großem Wert waren mir Verbesserungen, die Oberbaudirektor Prof. Dantscher vorschlug, vor allem sein Rat, den Schiffswiderstand und die Modellregel einzufügen, wobei mir bezüglich der Anführung des ersteren Direktor Gebers hilfreich zur Seite stand. Für die Berechnung der Schwingungen im Wasserschloß war es mir möglich, in Dr. R. Tillmann einen tüchtigen Mitarbeiter zu gewinnen, der Prof. Brauns Wasserschloßproblem in möglichster Kürze, aber doch ausreichend behandelt hat.

Wien-Döbling, im August 1925.

Ph. Forchheimer.

Inhalt.

I. Hydrostatik.

1. Kennzeichnung der Flüssigkeit 1
2. Spiegelverlauf. Hydrostatischer Druck 1
3. Abhängigkeit des hydrostatischen Druckes von dem Eigengewichte und der Tiefe 3
4. Druck auf eine ebene Fläche 5
5. Druck auf eine gekrümmte Wandung 8
6. Druck auf vorkragende Wandteile. Hydrostatisches Paradoxon. Pascalscher Satz 10
7. Prinzip des Archimedes . 12
8. Stabilität schwimmender Körper 13

II. Die Bewegung der vollkommenen Flüssigkeit.

1. Das Bernoullische Theorem 15
2. Das Standrohr. Strömung in Röhren und Rinnsalen 17
3. Die Leistungsfähigkeit . 19
4. Wirbel 19

III. Bewegung in Schichten.

1. Die Zähigkeit 21
2. Durchfluß durch Haarröhrchen 22
3. Das Filtergesetz 23
4. Grundwasserströmung gleichförmiger Breite bei schwachem Gefälle . . 25
5. Grundwasserströmung bei beliebigem Spiegel von schwachem Gefälle . . . 27
6. Grundwasserströmung mit geneigten Stromfäden . . 30
7. Artesische Brunnen . . . 34

IV. Wirbelnde Strömung in Röhren.

1. Die kritische Geschwindigkeit. Das allgemeine Ähnlichkeitsgesetz 34
2. Mehrgliederige Ausdrücke für den Druckhöhenverlust 37
3. Exponentialausdrücke und weitere Formeln 39
4. Ausdrücke für ganz glatte Röhren 44
5. Eintrittswiderstand . . . 44
6. Rohrerweiterung und -verengung 46
7. Richtungsänderungen . . 48
8. Widerstand verschiedener Vorrichtungen 49

V. Strömung in offenen Läufen.

1. Gleichförmige Strömung. Formeln ohne Berücksichtigung der Rauheit . . . 50
2. Gleichförmige Strömung Formeln mit Berücksichtigung der Rauheit . . 52
3. Gleichförmige Strömung in Wasserläufen von beweglichem Bett 57
4. Die Geschwindigkeitsverteilung. Die Pulsationen 58
5. Dem Ort nach veränderliche Strömung. Die Staulinie in streckenweiser Behandlung 60
6. Stau- und Senkungskurve in sehr breitem Bett . . 64
7. Die verschiedenen Fließweisen 65
8. Ermittelung der Stau- und Senkungskurven mit Hilfstafeln 66

	Seite		Seite
9. Brückenstau	72	12. Meereswellen	78
10. Wellenfortschritt in Wasserläufen und Schwall	74	13. Hochwasserverlauf	79
		14. Seerückhalt	80
11. Dammbruchkurve	76		

VI. Ausfluß durch Öffnungen und Überfall.

1. Die verschiedenen Arten Koeffizienten	83	8. Vollkommener Überfall in voller Breite über Wehrrücken	94
2. Ausflußzahl bei vollkommener Einschnürung	84	9. Vollkommener Überfall mit Seiteneinzwängung über scharfer Kante	95
3. Die Ausflußzahl bei unvollkommener Einschnürung	87		
4. Ausfluß durch Ansatzröhren	88	10. Unvollkommener Überfall	96
5. Ausfluß unter Wasser	89	11. Strömung unter dem Wehr	98
6. Der Ausflußstrahl	91		
7. Vollkommener Überfall in voller Breite über scharfer Kante	92	12. Streichwehr-Überfall	99
		13. Gefäßentleerung	101

VII. Der Wasserstoß.

1. Die Reaktion	103	Tabelle I Rohrberechnung nach Darcy	121
2. Der Strahldruck	103	" II Werte von c nach Ganguillet und Kutter	123
3. Wasserwiderstand und Strömungsdruck	105		
4. Schiffswiderstand	108	" III Werte von c nach Bazin	124
5. Druck der Brandungswellen	109	" IV Staukurven nach Rühlmann	125
6. Widderstoß	110	" V Senkungskurven nach Rühlmann	126
7. Schwingungen im Wasserschloß	113	Literatur	127
		Namenverzeichnis	131
8. Schleppkraft und Geschiebetrieb	118	Sachverzeichnis	132

I. Hydrostatik.

1. Kennzeichnung der Flüssigkeit.

Die Vorgänge, die sich in der Wirklichkeit abspielen, pflegen derart verwickelt zu sein, daß ihre genaue Erörterung die größten Schwierigkeiten bieten würde oder überhaupt unmöglich wäre. Man führt daher vereinfachende, von der Wirklichkeit wenig abweichende Annahmen ein. Eine solche ist die Voraussetzung der Existenz einer „*vollkommenen Flüssigkeit*", deren Teilchen aneinander entlang gleiten können, ohne daß dies einen Arbeitsaufwand erfordert. Eine solche Flüssigkeit gibt es tatsächlich nicht, denn die wirklichen Flüssigkeiten beanspruchen bei einer gegenseitigen Verschiebung ihrer Teilchen die Leistung von Arbeit, wenn diese auch bei vielen Flüssigkeiten außerordentlich gering bleibt. Zum Unterschiede von der nur gedachten vollkommenen Flüssigkeit bezeichnet man daher die bestehenden als „*zähe*" oder „*klebrig*". Eine weitere Annahme ist die, daß jede Flüssigkeit sich ins Unbeschränkte teilen lasse, ohne ihre Gleichförmigkeit zu verlieren, während doch schließlich diese Gleichförmigkeit — etwa mit dem Molekül — ihr Ende erreicht.

Wie gesagt, ist für die Verschiebung eines Teilchens längs eines Nachbarteilchens eine Arbeit nötig, von der man wohl annehmen muß, daß sie zur Überwindung eines Widerstandes diente, der in der gemeinschaftlichen Berührungsfläche der beiden Teilchen auftritt.

Bei festen Körpern wird dieser Widerstand als Scheerkraft bezeichnet, bei Flüssigkeiten aber anders, und zwar als *innere Reibung*, denn es gibt einen wesentlichen Unterschied zwischen beiden Kräften. Bei festen Körpern kann nämlich die Scheerkraft fortbestehen, wenn der feste Körper sich in Ruhe befindet, während bei einer zähen Flüssigkeit, wenn kein Gleiten stattfindet, auch die Reibung verschwindet. Vielleicht trifft letzteres nicht in aller Strenge zu, aber Tatsache ist es, daß bisher keine Scheerkräfte im Innern ruhender Flüssigkeiten bemerkt worden sind.

2. Spiegelverlauf. Hydrostatischer Druck.

Aus dem Umstande, daß in Flüssigkeiten, deren Teilchen nicht aufeinandergleiten, keine „Scheerkräfte" möglich sind, folgt, daß in ihnen jede Kraft, die auf die Hülle eines Teilchens wirkt, senkrecht zu dieser Hülle gerichtet ist. Dies muß, wie bereits *Archimedes* (geb. etwa 287 v. Chr., getötet 212 v. Chr.) erkannt hat, auch für die Teilchen gelten, die sich an der Oberfläche der ganzen flüssigen Masse befinden. Flüssigkeiten stellen also ihren Spiegel so ein, daß er die auf die Oberflächenteilchen wirkenden Kräfte rechtwinklig schneidet.

Beispiele. 1. Ein Gefäß, in dem sich Wasser befindet, drehe sich samt dem Wasser mit der Winkelgeschwindigkeit ω um eine lotrechte Achse. Welche Form nimmt die Spiegelfläche an? — Auf ein im Achsenabstande x unmittelbar am Spiegel befindliches Teilchen wirkt dessen Gewicht G und die Fliehkraft $\dfrac{G}{g}\omega^2 x$. Der Spiegel gehorcht also mit z als Ordinate der Differentialgleichung

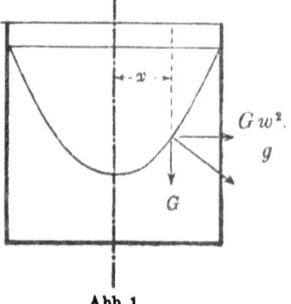

Abb. 1

$$\frac{dz}{dx} = \frac{\dfrac{G\omega^2 x}{g}}{G} = \frac{\omega^2 x}{g},$$

welche durch das Umdrehungs-Paraboloid

$$z = \frac{\omega^2 x^2}{2g} + \text{konst.}$$

erfüllt wird. Mit dem Ursprung im Paraboloid-Scheitel lautet die Spiegelgleichung
(1) $$z = \frac{\omega^2 x^2}{2g}.$$

Eine ähnliche Betrachtung ließe sich für eine beliebig geneigte Drehungsachse vornehmen.

2. Im eben behandelten Beispiele wurde allenthalben die gleiche Winkelgeschwindigkeit vorausgesetzt. Demgegenüber darf man in einem Flußbogen, der (im Grundriß) von zwei konzentrischen Kreisbögen begrenzt ist, annehmen, daß alle Spiegelteilchen (im Grundriß) Kreisbögen aus demselben Mittelpunkte mit der gleichen Strömungsgeschwindigkeit u beschreiben. Bezeichnet man mit R_1 und R_2 die Halbmesser der Uferbögen, ferner mit x den Halbmesser und mit z die Erhebung eines Strömungsbogens über das innere Ufer, so gilt

$$\frac{dz}{dx} = \frac{\dfrac{Gu^2}{gx}}{G} \quad \text{oder} \quad g\,dz = u^2 \frac{dx}{x},$$

die Integration liefert $gz = u^2 \log \text{nat}\, x + \text{konst.}$
oder für den Innenbogen $o = u^2 \log \text{nat}\, R_1 + \text{konst.}$,
daher für das Ansteigen des Spiegels zwischen Innen- und Außenbogen
(2) $$h = \frac{u^2}{g} \log \text{nat}\, \frac{R_2}{R_1}.$$

Denken wir uns nunmehr in einer Flüssigkeit ein flüssiges Prisma von der Seitenlänge l und von dreieckigem Querschnitt, dessen eine Seite AB wagrecht, dessen andere Seite AC lotrecht, dessen dritte Seite also geneigt sei. Auf die drei Seitenflächen des Prismas wirken dann Außendrucke, welche von der das Prisma umgebenden Flüssig-

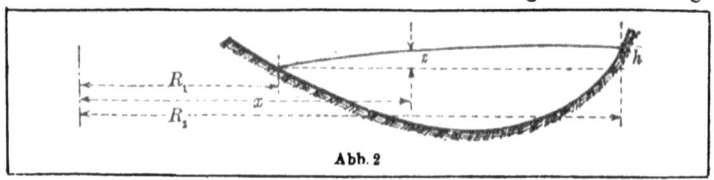

Abb. 2

Hydrostatischer Druck 3

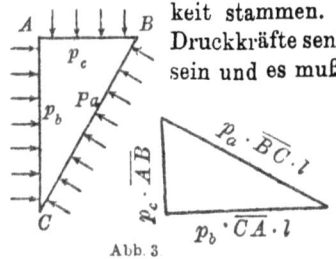
Abb. 3

keit stammen. Herrscht Ruhe, so müssen diese Druckkräfte senkrecht zu den Seitenflächen gerichtet sein und es muß Gleichgewicht vorhanden sein. Beträgt der Druck auf die Flächeneinheit der AB bzw. BC bzw. CA enthaltenden Prismenseitenflächen p_c bzw. p_a bzw. p_b, so wirken auf die Seitenflächen des Prismas die Gesamtdrucke

$$p_c \cdot \overline{AB} \cdot l \text{ bzw. } p_a \cdot \overline{BC} \cdot l \text{ bzw. } p_b \cdot \overline{CA} \cdot l.$$

Außerdem tritt das Prismengewicht in derselben Ebene wie die genannten drei Kräfte auf. Wenn man nunmehr den Prismenquerschnitt immer kleiner werden läßt, so nehmen die Außendrucke wie die erste, das Gewicht aber wie die zweite Potenz des Verkleinerungsverhältnisses ab, so daß schließlich das Gewicht zu vernachlässigen ist und die drei auf das elementare Prisma wirkenden Kräfte: $p_c \overline{AB} l$, $p_a \overline{BC} l$, $p_b \overline{CA} l$ einander das Gleichgewicht halten müssen. Die Aneinanderfügung dieser Kräfte liefert dann ein geschlossenes Kräftedreieck, welches dem Prismenquerschnitt ähnlich ist, so daß

$$p_c \overline{AB} l : p_a \overline{BC} l : p_b \overline{CA} l = \overline{AB} : \overline{BC} : \overline{CA}$$

(3)   oder $p_a = p_b = p_c$

gilt. In jedem Punkte einer unbewegten Flüssigkeit wirkt also auf die Flächeneinheit eines beliebig angenommenen Flächenelements ein Normaldruck, der von der Richtung des Elements unabhängig ist. Er wird mit dem Namen *hydrostatischer Druck* bezeichnet. Betrachtet man ein wagrechtes Flächenelement, so ist dessen Einheit ebensowohl einer von oben nach unten gerichteten Pressung p als einer aufwärts gerichteten Gegenpressung gleicher absoluter Größe p ausgesetzt.

3. Abhängigkeit des hydrostatischen Druckes von dem Eigengewichte und der Tiefe.

Betrachten wir nunmehr eine lotrechte Säule, die einen Teil einer ruhenden Flüssigkeit bilde und von einer wagrechten Basis F bis zum Spiegel reiche. Da auf den Säulenumfang offenbar nur wagrechte Pressungen wirken, ist an lotrechten Kräften nur der Luftdruck auf den Spiegel, das Säulengewicht und der Gegendruck der unter der Basis befindlichen Flüssigkeit vorhanden. Hat die Flüssigkeit das Eigengewicht γ und befindet sich die Basis in der Tiefe h unter dem Spiegel, so gilt daher, wenn p den hydrostatischen Druck und p_0 den Luftdruck bezeichnet, $\gamma h F = (p - p_0) F$

(4)   oder $\gamma h = p - p_0.$

Zwischen dem hydrostatischen Druck, der Tiefenlage und dem Eigengewicht besteht also eine sehr einfache Beziehung, vermöge welcher man den hydrostatischen Druck ebensowohl in Gewicht für die Flächeneinheit wie in Säulenhöhe ausdrücken kann. Diese Säulenhöhe steht in umgekehrtem Verhältnis zum Eigengewicht, so daß der gleiche Druck bei Wasser von 4^0 C eine 13,59 mal so hohe Säule wie bei Quecksilber von 0^0 C erfordert. Für die Umrechnung einer der üblichen Schreibweisen in die anderen gilt nachstehende Tabelle.

Wassersäule von 4^0 C		Atmosphären		Quecksilbersäule von 0^0 C
m	cm	neue = kg/cm²	alte	cm
1	100	0,1	0,09678	7,355
0,01	1	0,001	0,000968	0,0736
10,0	1000	1	0,967	73,55
10,333	1033,3	1,0333	1	76,0
0,1359	13,6	0,0136	0,0131	1

Das Eigengewicht des Wassers ändert sich mit der Temperatur wie folgt in g cm^{-3}:

-10^0	0^0	10^0	20^0	30^0	40^0	50^0
0,99815	0,99987	0,99973	0,99823	0,99567	0,99224	0,98807

60^0	70^0	80^0	90^0	100^0	150^0	200^0
0,9833	0,9778	0,9718	0,9653	0,9584	0,9173	0,8628

Das Eigengewicht des Eises beträgt in g cm^{-3} bei

0^0	-10^0	-20^0
0,9167	0,9186	0,9203

Das von der Temperatur und den gelösten und schwebenden Stoffen abhängige Eigengewicht des Flußwassers liegt gewöhnlich zwischen 997 und 1001 kg m^{-3}, während Meerwasser nicht unerheblich schwerer ist. Sein Eigengewicht nimmt nämlich für jedes Tausendstel Salzgehalt um ungefähr 0,8 kg m^{-3} zu. Letzterer beträgt an der Oberfläche in Promille durchschnittlich im

Atlant. Ozean	Ind. Ozean	Stillen Ozean	i. d. Ostsee	im Mittelmeer
35,4	34,8	34,9	7,8	34,9

so daß beispielsweise 1 m³ Wasser des Mittelmeeres nahe der Oberfläche bei 10^0 C $\quad$ 999,7 + 27,9 = 1027,6 kg $\quad$ wiegt. Infolge der Zusammendrückbarkeit sollte unter gleichen Umständen das Eigengewicht des Wassers mit der Tiefe zunehmen. Doch ist diese Volumverringerung bei Wasser so gering, daß sie nicht weiter in Betracht kommt.

Gl. (4) läßt sich auch in anderer Form schreiben. Geht man nämlich von einem wagrechten Querschnitt einer Flüssigkeitssäule zum unendlich nahe darunter befindlichen über, so erhält man aus Gl. (4) die für ruhende Flüssigkeiten geltende Differentialgleichung

$$(4\,\mathrm{a}) \qquad dp = \gamma\, dh,$$

wobei die h von oben nach unten zu messen sind.

4. Druck auf eine ebene Fläche.

Die zwischen dem hydrostatischen Druck und der Tiefenlage unter Spiegel aufgefundene Beziehung (4) gestattet in einfacher Weise, die Pressung anzugeben, welche eine Flüssigkeit auf ein ebenes Flächenstück F einer Wand ausübt. Sieht man zunächst vom atmosphärischen Druck auf den Spiegel ab, so hat jedes Wandelement dF einen zu ihm senkrechten Druck auszuhalten, der dem Gewichte $\gamma z dF$ einer Flüssigkeitssäule gleich ist, welche das Element dF zur Basis und die Tiefenlage z zur Höhe hat. Man erhält also den Gesamtdruck P als Gewicht eines Prismas, das die betreffende Wandfläche F zur Basis hat und dessen Seiten senkrecht zu ihr gerichtet und gleich der Tiefenlage sind. Die obere Endfläche des Prismas zeigt sich demgemäß zwar eben, aber bei geneigter oder lotrechter Wand schräge zu den Prismenseiten gerichtet. Durch den Schwerpunkt C des Prismas geht die ebenfalls senkrecht zur Wand gerichtete Mittelkraft der Einzelkräfte. Bezeichnet y den Abstand eines Wandpunktes von der Geraden, in welcher die Wandebene den Spiegel schneidet, und ν den Neigungswinkel der Wand, so gilt,

(5) $$z = y \sin \nu$$

und findet sich, wieder mit Vernachlässigung des äußeren Luftdruckes

(5a) $$P = \gamma \int z\, dF = \gamma \sin \nu \int y\, dF.$$

Hat der Schwerpunkt der Wandfläche den Abstand e von der erwähnten Schnittgeraden, ist also

$$\int y\, dF = eF,$$

so kann man statt (5a) auch

(5b) $$P = \gamma \sin \nu\, F e = \gamma \cdot F \cdot e \sin \nu$$

schreiben, worin $e \cdot \sin \nu$ die Tiefenlage des Flächenschwerpunktes unter dem Spiegel vorstellt. In Worte gekleidet besagt (5b), daß bei ungepreßtem Spiegel der Flüssigkeitsdruck auf eine ebene Wandfigur gleich dem Produkte aus dem *Eigengewichte* der Flüssigkeit, der *Flächenausdehnung* der Figur und der *Tiefenlage* ihres Schwerpunktes unter dem Spiegel ist. Zu beachten ist, daß der resultierende Gesamtdruck *nicht* etwa im Flächenschwerpunkt, sondern in einem tiefer gelegenen Punkte angreift. Nach den Regeln der Statik erhält man dessen Abstand y_a von der Spiegelschnittgeraden, indem man die statischen Momente der Einzeldrucke durch die Drucksumme dividiert. Hiernach findet sich

Abb. 4. (6) $$y_a = \int \gamma y z\, dF : \int \gamma z\, dF = \int y^2\, dF : \int y\, dF,$$

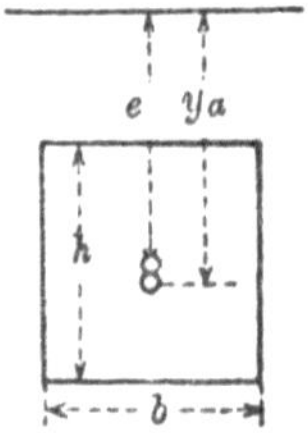

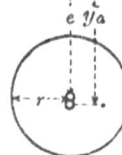

Abb. 5.

Abb. 6.

worin $\int y^2 dF$ das Trägheitsmoment der Fläche bezüglich der Spiegelschnittgeraden darstellt. Führt man statt seiner das Trägheitsmoment I_s ein, welches die Fläche bezüglich einer Achse besitzt, die parallel zur Schnittgeraden durch den Flächenschwerpunkt gelegt wird, so ist bekanntlich

$$\int y^2 dF = I_s + e^2 F,$$

so daß sich (6) auch in der Form

(6a) $$y_a = \frac{I_s + e^2 F}{eF} = \frac{I_s}{eF} + e \quad \text{schreiben läßt.}$$

Beispiele. 1. Der Gesamtdruck auf ein lotrechtes Rechteck von der wagrechten Breite b und der Höhe h beträgt (wenn man, wie in den folgenden Beispielen, den Luftdruck außer acht läßt)

(6b) $$P = \gamma e b h$$

und für die Tiefenlage des Angriffspunktes findet sich

(6c) $$y_a = \frac{\frac{1}{12} b h^3}{e b h} + e = \frac{h^2}{12 e} + e.$$

2. Für eine lotrechte Kreisfläche vom Halbmesser r findet sich

(6d) $$P = \gamma \pi e r^2$$

(6e) $$y_a = \frac{\frac{\pi}{4} r^4}{e \pi r^2} + e = \frac{r^2}{4e} + e.$$

Ist die dem Druck ausgesetzte Fläche symmetrisch belastet, so liegt der Angriffspunkt der Mittelkraft natürlich auf der Symmetrieachse, andernfalls ist zur vollständigen Bestimmung seiner Lage die Einführung einer zweiten Achse — sie heiße x-Achse — nötig. Für die Abszisse des Angriffspunktes gilt dann

(7) $$x_a = \frac{\int x y \, dF}{\int y \, dF}$$

Beispiele. 1. Zu suchen sei der Angriffspunkt des Wasserdruckes auf ein rechtwinkliges lotrechtes Dreieck, dessen eine Kathete im Spiegel liegt und dessen Hypotenuse sich vom Ursprung zum Punkte x_1, y_1 erstreckt. Für einen lotrechten Streifen von der Breite dx und der Höhe y zeigt sich der Wasserdruck

$$= \gamma dx \int_0^y y \, dy = \gamma \frac{y^2}{2} dx = \tfrac{1}{2} \gamma \frac{y_1^2}{x_1^2} x^2 dx,$$

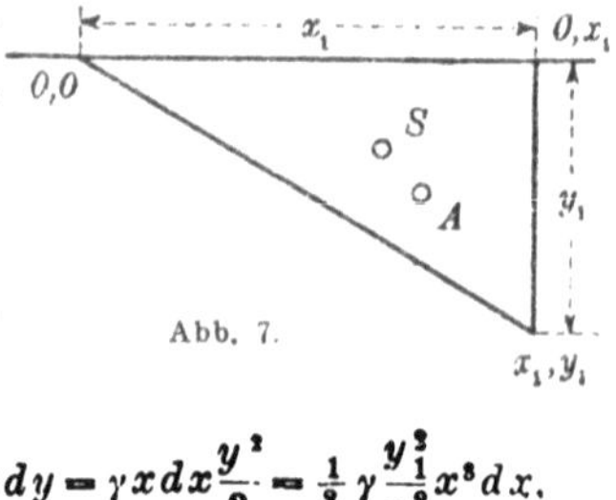

Abb. 7.

das Moment bez. der y-Achse $\gamma x dx \int_0^y y \, dy = \gamma x dx \frac{y^2}{2} = \tfrac{1}{2} \gamma \frac{y_1^2}{x_1^2} x^3 dx.$

das Moment bez. der x-Achse $\gamma\,dx\int_0^y y^2\,dy = \gamma\,dx\dfrac{y^3}{3} = \dfrac{1}{3}\gamma\dfrac{y_1^3}{x_1^3}x^3\,d\tau.$

Hiernach ist für das Dreieck

der Wasserdruck $= \dfrac{1}{2}\gamma\dfrac{y_1^2}{x_1^2}\int_0^{x_1}x^2\,dx = \dfrac{1}{6}\gamma\,y_1^2\,x_1,$

das Moment bez. der y-Achse $= \dfrac{1}{2}\gamma\dfrac{y_1^2}{x_1^2}\int_0^{x_1}x^3\,dx = \dfrac{1}{8}\gamma\,x_1^2\,y_1^2,$

das Moment bez. der x-Achse $= \dfrac{1}{3}\gamma\dfrac{y_1^3}{x_1^3}\int_0^{x_1}x^3\,dx = \dfrac{1}{12}\gamma\,x_1\,y_1^3,$

(7a) demnach $x_a = \dfrac{\frac{1}{8}\gamma\,x_1^2\,y_1^2}{\frac{1}{6}\gamma\,x_1\,y_1^2} = \dfrac{3}{4}x_1,\quad y_a = \dfrac{\frac{1}{12}\gamma\,x_1\,y_1^3}{\frac{1}{6}\gamma\,x_1\,y_1^2} = \dfrac{1}{2}y_1.$

2. Für ein Trapez wie das untengezeichnete findet man hiernach
$$x_a = \dfrac{3}{4}\dfrac{x_2^3 y_2^2 - x_1^3 y_1^2}{x_2 y_2^2 - x_1 y_1^2},\quad y_a = \dfrac{1}{2}\dfrac{x_2 y_2^3 - x_1 y_1^3}{x_2 y_2^2 - x_1 y_1^2}$$

oder, weil $y_2 = y_1\dfrac{x_2}{x_1}$ ist,

(7b) $\qquad x_a = \dfrac{3}{4}\dfrac{x_2^4 - x_1^4}{x_2^3 - x_1^3},\quad y_a = \dfrac{1}{2}\dfrac{y_2^4 - y_1^4}{y_2^3 - y_1^3}$

3. Für ein beliebig gelegenes Dreieck gilt bei Einführung der aus Abb. 8 ersichtlichen Bezeichnungen, wie sich aus bekannten Formeln ableiten läßt,

(8) $\qquad I_s = \dfrac{F}{12}(h_1^2 + h_2^2 + h_3^2),$

(8a) $\qquad \int xh\,dF = \dfrac{F}{12}(x_1 h_1 + x_2 h_2 + x_3 h_3),$

(8b) $\qquad e = \dfrac{1}{3}(y_1 + y_2 + y_3).$

Ferner ist

$$\int xy\,dF = \int x(e+h)\,dF = e\int x\,dF + \int xh\,dF,$$

worin $\int x\,dF = 0$ ist,

und hiernach

(8c) $\qquad x_a = \dfrac{1}{4}\dfrac{x_1 h_1 + x_2 h_2 + x_3 h_3}{y_1 + y_2 + y_3},$

(8d) $\qquad h_a = \dfrac{1}{4}\dfrac{h_1^2 + h_2^2 + h_3^2}{y_1 + y_2 + y_3}$

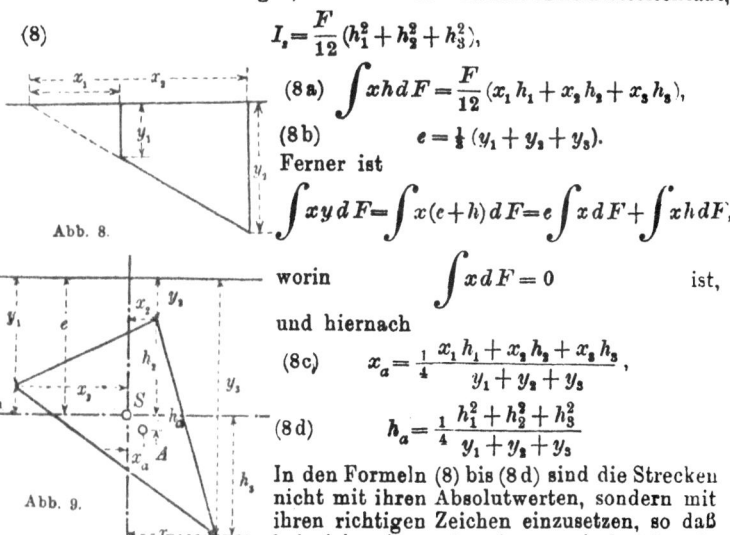

Abb. 8.

Abb. 9.

In den Formeln (8) bis (8d) sind die Strecken nicht mit ihren Absolutwerten, sondern mit ihren richtigen Zeichen einzusetzen, so daß beispielsweise $x_1 + x_2 + x_3$ sowie $h_1 + h_2 + h_3$ Null wird.

4. Eine an den Spiegel reichende lotrechte Viertelkreisfläche teile man in strahlenförmige Streifen. Dann ist, wenn r den Halbmesser, φ den Neigungswinkel und x den Abstand vom lotrechten Halbmesser bedeutet, für jeden Streifen

$$\int y\,dF = \frac{r^3}{3}\sin\varphi\,d\varphi,\quad \int xy\,dF = \frac{r^4}{4}\sin\varphi\cos\varphi\,d\varphi,\quad \int y^2\,dF = \frac{r^4}{4}\sin^2\varphi\,d\varphi$$

und für die Viertelscheibe

$$\int y\,dF = \frac{r^3}{3},\qquad \int xy\,dF = \frac{r^4}{8},\qquad \int y^2\,dF = \frac{\pi r^4}{16}.$$

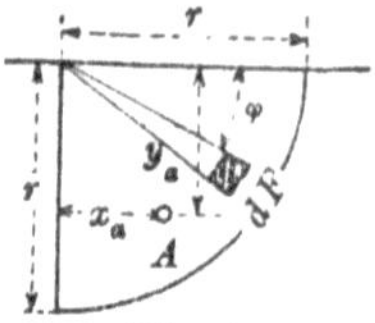

Daraus folgt

(9) $\quad P = \tfrac{1}{3}\gamma r^3,\quad x_a = \tfrac{3}{8}r = 0{,}375\,r,\quad y_a = \dfrac{3\pi}{16}r = 0{,}5890\,r.$

Abb. 10.

Der Schwerpunkt des Quadranten hat die Abstände $\dfrac{4}{3\pi}r$ von den beiden Grenzhalbmessern.

Bei Aufstellung der Gl. (5) bis (7) wurde, wie schon betont, von der Wirkung des äußeren Luftdruckes abgesehen. Ist ein solcher vorhanden und beträgt derselbe p_0 Gewichtseinheiten für die Flächeneinheit, so wächst gemäß Gl. (4) der hydrostatische Druck allenthalben um p_0, so daß zu dem Druck P der Gl. (5a) und (5b) noch ein weiterer senkrecht zur Fläche F gerichteter zusätzlicher Druck $p_0 F$ hinzutritt. Bei der Berechnung des Flüssigkeitsdruckes handelt es sich meistens um statische oder Festigkeitsuntersuchungen, wie z. B. um die Berechnung eines Behälters. Ein Wandteil F des Behälters ist dann außer dem Druck P sowohl an der Innenseite wie an der Außenseite Drucken $p_0 F$ unterworfen. Da diese beiden $p_0 F$ entgegengesetzt gerichtet sind und sich aufheben, ist es am einfachsten, auf den Atmosphärendruck p_0 überhaupt keine Rücksicht zu nehmen. Ähnlich liegen die Verhältnisse in vielen Fällen. Das ist der Grund, daß man bei Bestimmung eines Wasserdruckes häufig den Luftdruck gar nicht beachtet und von Druck spricht, obwohl man streng genommen von Überdruck reden sollte.

5. Druck auf eine gekrümmte Wandung.

Zunächst werde der Druck auf eine zylindrische Wandung mit wagrechten Erzeugenden betrachtet, welche Wandung von zwei parallelen, zu den Erzeugenden senkrechten, aber im übrigen beliebigen Leitlinien begrenzt wird. Errichtet man längs den äußersten Leitlinien sowie längs der obersten und der untersten Erzeugenden lotrechte, bis zum Spiegel reichende Ebenen, so erhält man einen flüssigen Körper, der, Wand und Spiegel ausgenommen, nur von lotrechten Ebenen eingeschlossen ist. Diese lotrechten Ebenen empfangen nur wagrechte Pressungen, von denen die auf die beiden Endflächen

Dreieck. Viertelkreisfläche. Zylindrische Wand

sich offenbar gegenseitig aufheben. Das gleiche gilt für die Drucke, die oberhalb der obersten Erzeugenden auf die beiden anderen lotrechten Ebenen wirken. Treppt man ferner die Wandung ab, so liegt jedem senkrechten Stufenstreifen ein gleich großer und gleich tief gelegener Streifen auf der lotrechten Ebene gegenüber, die durch die unterste Erzeugende gelegt wurde, so daß auch die Drucke auf die Streifen sich gegenseitig aufheben. Die wagrechten Drucke auf die Treppensteigungen haben demgemäß eine Resultierende, die zwar gleich groß aber entgegengesetzt gerichtet ist, wie die Resultierende der Drucke auf die gegenüberliegenden Streifen der lotrechten Ebene. An lotrechten Kräften sind nur das Gewicht des abgegrenzten Wasserkörpers und der Gegendruck der Stufenauftritte vorhanden, die einander das Gleichgewicht halten müssen. Läßt man die Stufen unendlich klein werden, so geht die Treppe in die gegebene Wandfläche über, so daß man das Ergebnis der eben geführten Überlegung wie folgt zusammenfassen kann: Der Wasserdruck auf eine zylindrische Wandfläche setzt sich aus einer lotrechten und einer wagrechten Kraft zusammen, welch letztere senkrecht zu den Zylindererzeugenden gerichtet ist. Die lotrechte Teilkraft ist dem Gewichte des auf der Wandfläche ruhenden Wasserkörpers gleich und geht durch dessen Schwerpunkt. Die wagrechte Teilkraft ist gleich dem Wasserdruck auf eine Figur, welche man erhält, wenn man die gegebene Zylinderfläche auf eine zu den Erzeugenden parallele lotrechte Ebene projiziert.

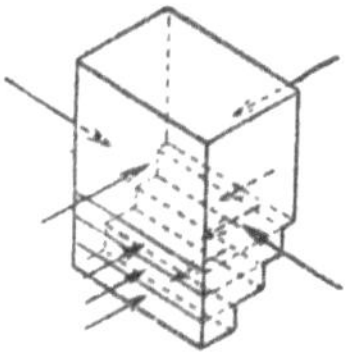

Abb. 11.

Beispiel. Der Wasserdruck auf eine Staumauer wächst mit der Höhe des Weiherspiegels, der, wenn ein Teil des zuströmenden Wassers überfällt, höher als die Mauerkrone liegen kann. Auf 1 m Mauerlänge entfällt (s Abb. 12) dann für die Binnenfront BC eine lotrechte Kraft, die gleich dem Gewichte des 1 m dicken Wasserkörpers $ABCD$ ist und durch den Schwerpunkt von $ABCD$ geht, ferner ein wagrechter Druck, der in Tonnen gemessen $=\frac{1}{2}AB^2$ ist, und im unteren Drittel von AB angreift. Strenggenommen ist als dritte Kraft ein wagrechter Gegendruck auf CD einzuführen.

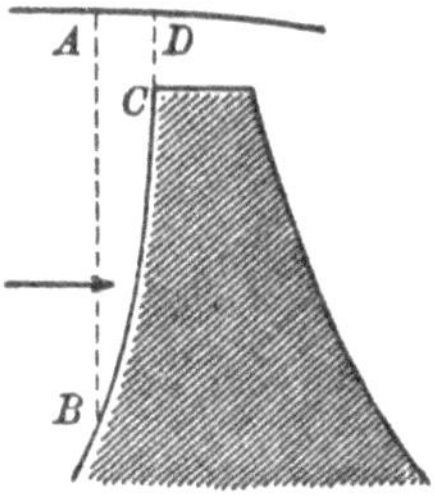

Abb. 12.

Hat man es mit einer doppelt gekrümmten Wandfläche zu tun, so muß man die Treppe mit parallelen Stufen durch Staffeln ersetzen, die von wagrechten und zwei Scharen aufeinander senkrechten lotrechten Ebenen gebildet werden. Der Flüssigkeitsdruck setzt sich nunmehr aus einer lotrechten und zwei wagrechten Teilkräften zusammen, welch letztere senkrecht zu den zwei lotrechten Ebenenscharen gerichtet sind. Die lotrechte Teilkraft muß wieder gleich dem Gewichte des lotrechten Flüssigkeitszylinders sein, der auf der

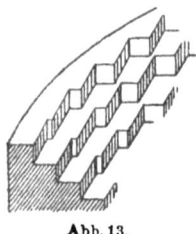

Abb. 13.

gegebenen Wandfläche aufruht und bis zum Spiegel hinaufreicht. Die wagrechten Teilkräfte erhält man durch Projektion der gegebenen Wandfigur auf je eine lotrechte Ebene der beiden Scharen und Bestimmung des Flüssigkeitsdruckes, welchem die beiden Projektionen unterworfen sind.

Die drei aufeinander senkrechten Resultierenden lassen sich zu einer einzigen vereinigen, wenn die krumme Fläche in bezug auf eine lotrechte Ebene symmetrisch gestaltet ist. Andernfalls lassen sich die drei Mittelkräfte im allgemeinen durch zwei sich kreuzende Kräfte oder durch eine Einzelkraft und ein Kräftepaar ersetzen.

Beispiel. Die auf eine an den Spiegel anstoßende Achtelkugelfläche vom Halbmesser r wirkenden Wasserdrucke lassen sich zu drei aufeinander senkrechten Kräften zusammensetzen. Eine derselben, von der Größe $\frac{1}{6}\gamma\pi r^3$, ist lotrecht, befindet sich in der Entfernung $\frac{3\sqrt{2}}{8}r = 0,530\, r$ vom Kugelmittelpunkt und geht durch den Schwerpunkt der Achtelkugel, der in der Tiefe $\frac{3}{8}r$ unter dem Spiegel liegt. Die wagrechten Kräfte stehen senkrecht zu den lotrechten Begrenzungsebenen der Achtelkugel und befinden sich gemäß den Gl. (9) in der Tiefe $\frac{3}{16}\pi r$ unter dem Spiegel und in der Entfernung $\frac{3}{8}r$ von den beiden lotrechten Grenzebenen. Sie haben zufolge (9) die Größe $P = \frac{1}{3}\gamma r^3$.

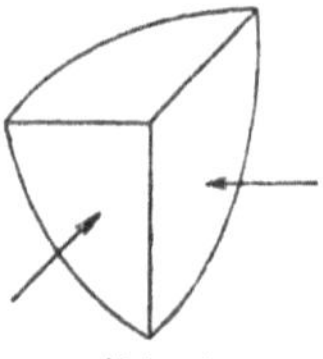

Abb. 14.

6. Druck auf vorkragende Wandteile. Hydrostatisches Paradoxon. Pascalscher Satz.

Überlegung und Erfahrung lehren, daß, wenn eine nur gedachte, bis an die Oberfläche reichende flüssige Scheidefläche sich in eine feste Wand verwandelt, dies am hydrostatischen Druck nichts ändert. Der aktive Flüssigkeitsdruck verwandelt sich in passiven Gegendruck der Scheidewand in der Weise, daß die verbleibende Wassermasse sich nach wie vor in denselben statischen Umständen befindet. Danach ist der Druck, den eine vorkragende Gefäßwandung erfährt, gleich aber entgegengesetzt dem Druck, den dieselbe Wandung erfahren würde, wenn die flüssige Masse fest und der Raum oberhalb des Kragteiles mit Flüssigkeit erfüllt wäre, deren Spiegel in der tatsächlichen Spiegelgleiche läge.

Aus der angestellten Betrachtung geht, wie *Simon Stevin* in Leyden 1586 veröffentlichte, das sogenannte hydrostatische Paradoxon hervor, nach welchem der Flüssigkeitsdruck auf eine Bodenfläche dem Gewicht einer auf ihr lastend gedachten lotrechten flüssigen Säule auch dann gleicht, wenn tatsächlich nur eine geneigte oder gewundene Säule vorhanden ist. Hat man es statt mit einem ein-

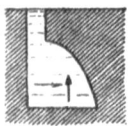

Abb. 15.

zigen Gefäß mit zweien zu tun, die z. B. durch eine Röhre miteinander in Verbindung stehen, so kann nur dann Ruhe herrschen, wenn beiderseits einer Rohrquerschnittsfläche der hydrostatische Druck gleich groß ist.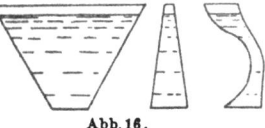

Abb. 16.

Da dies nur dann der Fall ist, wenn sich diese Fläche gleich tief unter beiden Gefäßspiegeln befindet, folgt, daß sich in kommunizierenden Gefäßen die Spiegel gleich hoch einstellen. Sind zwei verschiedene Flüssigkeiten vorhanden, so müssen sie sich ebenfalls derart einstellen, daß der hydrostatische Druck in der Verbindungsröhre beidseitig eines Rohrquerschnittes der gleiche wird.

Gl. (4) legte die Abhängigkeit des hydrostatischen Druckes p vom Luftdruck auf den Spiegel und von der Tiefenlage klar. Für den hydrostatischen Druck ist es aber offenbar gleichgültig, ob der Spiegeldruck von einem Gas, einer überlagernden anderen Flüssigkeit oder

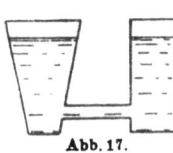

Abb. 17.

dem Druck eines Kolbens stammt. Auch kann man p_0 als Gegendruck hervorrufen, indem man die Flüssigkeit zu oberst durch eine feste Wand abschließt und den beweglichen Kolben an anderer Stelle anbringt. Ein auf die Außenfläche einer Flüssigkeit ausgeübter Druck pflanzt sich also, wie eine 1663 in Paris erschienene Schrift von *B. Pascal* (1623 bis 1662) ausführt, nach allen anderen Teilen der Flüssigkeit fort, wenn diese nicht ausweichen kann. Für die Veränderung des hydrostatischen Druckes p gilt dabei die Gl. (4a). Sind zwei Kolben F_1 und F_2 in den Höhen z_1 und z_2 über einer beliebigen Gleiche vorhanden, so bleibt die Flüssigkeit nur in Ruhe, wenn für die Pressungen p_1 und p_2 auf die Flächeneinheit

$$p_1 + \gamma z_1 = p_2 + \gamma z_2$$

gilt. Üben die Kolben Kräfte P_1 und P_2 aus, so muß

(10) $$\frac{P_1}{F_1} + \gamma z_1 = \frac{P_2}{F_2} + \gamma z_2$$ sein.

Befinden sich beide Kolben in gleicher Tiefe, so müssen sich die Kräfte so verhalten wie die Kolbenflächen, woraus hervorgeht, daß man mit einer geringen Kraftäußerung mittels eines kleinen Kolbens eine viel bedeutendere Kraft durch einen entsprechend großen Kolben ausüben lassen kann. — Verschiebt man (durch eine unwesentliche Kraftsteigerung) den ersten Kolben eine Wegstrecke s_1, so muß der zweite eine Strecke s_2 zurückweichen, wobei, wenn man die Flüssigkeit als unzusammendrückbar betrachtet,

(11) $$F_1 s_1 = F_2 s_2$$

sein muß. Aus Gl. (10) folgt in Verbindung mit (11)

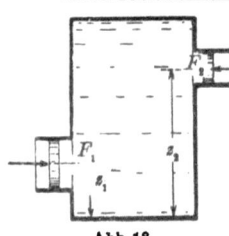

Abb. 18.

(11a)
$$\frac{P_1}{F_1} + \gamma z_1 = \frac{P_2 s_2}{F_1 s_1} + \gamma z_2$$
oder
$$P_1 s_1 = P_2 s_2 + \gamma (z_2 - z_1) F_1 s_1.$$

Hierbei bedeutet $P_1 s_1$ sowohl wie $P_2 s_2$ eine Kolbenarbeit, und $\gamma F_1 s_1 = \gamma F_2 s_2$ das Wassergewicht, das aus der Höhe z_1 in die Höhe z_2 gebracht wird, also $\gamma (z_2 - z_1) F_1 s_1$ wieder eine verrichtete Arbeit. Gl. (11a) besagt, daß bei der Bewegung der Kolben Arbeit weder gewonnen wird noch verloren geht.

7. Prinzip des Archimedes.

Die Oberfläche eines untergetauchten Körpers läßt sich in eine obere und eine untere Fläche zerlegen, deren Grenze dort liegt, wo die Berührungsebenen lotrecht stehen. Gemäß dem früher Gesagten drückt auf die obere Fläche das Gewicht der auf ihr lastenden Wassersäule, während die Unterfläche einen aufwärts gerichteten Druck erfährt, der dem Gewichte einer Wassersäule gleich ist, die man sich auf letzterer ruhend und bis zum Spiegel reichend denken kann. Der Volumunterschied

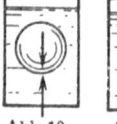 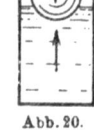

Abb. 19.   Abb. 20.

der beiden Wassersäulen ist gleich dem Rauminhalt des betrachteten Körpers, und so folgt, wie *Archimedes* erkannt hat, der Satz, daß ein untergetauchter Körper einen *Auftrieb* erleidet, der dem Gewichte der von ihm verdrängten Wassermasse gleich ist.

Wiegt ein Körper weniger als das Wasser, das er zu verdrängen imstande ist, und wird er sich selbst überlassen, so vermag er nicht vollständig unterzutauchen, sondern nur so weit, bis der vom verdrängten Wasser herrührende Auftrieb dem Körpergewicht gleichkommt.

Beispiel. 1. Wiegt ein Stein in der Luft 75 g (und hiervon weicht das Gewicht im luftleeren Raum nur unwesentlich ab), ferner 45 g in destilliertem Wasser von 4° C und 51 g in Öl, so berechnet sich das Eigengewicht des Gesteins zu $75 : (75-45) = 2,5$ und das Eigengewicht des Öles zu $(75-51) : (75-45) = 0,80$.

2. Steht zunächst ein Gefäß auf der Wagschale, welches mit seinem Wasserinhalt 300 g wiegt, und liegt obiger Stein daneben auf der Schale, so zeigt die Wage 375 g an. Wieso zeigt die Wage wieder 375 g an, wenn man den Stein in das Gefäß gibt, da der Stein doch scheinbar 30 g Gewicht verliert? — Der Druck auf die Wagschale setzte sich ursprünglich aus dem Gefäßgewicht, dem Steingewicht und dem Bodendruck des Wassers zusammen. Später ist das Gefäßgewicht das alte, die Druckäußerung des Steines geringer, und der Bodendruck entsprechend größer, da der Spiegel im Gefäß gestiegen ist.

3. Welchem Moment ist in ruhigem Wasser ein rechtwinklig gebogener Spant ausgesetzt, der von seinen Nachbarspanten den Abstand a besitzt, wenn die Tauchtiefe h, die Fahrzeugbreite $2b$ beträgt und die

Ladung symmetrisch verteilt worden ist? Das Moment des Wasserdruckes in bezug auf die Spantmitte beträgt

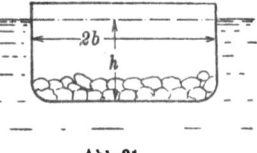

$$\gamma \frac{ah^2}{2} \cdot \frac{h}{3} + \gamma\, abh\, \frac{b}{2} = \gamma\, a\left(\frac{h^3}{6} + \frac{b^2 h}{2}\right).$$

Hiervon ist das Moment der Ladung abzuziehen.

Abb. 21.

8. Stabilität schwimmender Körper.

Ein schwimmender Körper sinkt dem Archimedischen Prinzip zufolge so tief ein, daß die von ihm verdrängte Wassermenge, also seine unterhalb seiner *Schwimmebene* gelegene *Wasserverdrängung* seinem Gewichte gleichkommt. Nimmt man das Eigengewicht des Seewassers zu 1,025 an, so sind demnach 1 m³ und 1,025 t Wasserverdrängung (Deplacement) gleichwertige Begriffe. Unendlich viele Schwimmebenen trennen vom Schwimmkörper gleich große Verdrängungen ab, aber nur bei gewissen ausgezeichneten Ebenen fallen die Schwerpunkte von Körper und Verdrängung in eine Lotrechte. Da der Körperschwerpunkt G als Angriffspunkt des abwärts gerichteten Gewichtes und der Verdrängungsschwerpunkt C als der des aufwärts gerichteten Auftriebes zu betrachten ist, herrscht Stabilität, wenn G tiefer als C liegt, aber selbst, wenn G sich oberhalb von C befindet, bedeutet dies noch nicht, daß der Schwimmkörper, etwa ein symmetrisch gestaltetes Schiff, im Falle einer kleinen Schwankung kentern muß. Bei einer solchen Schwankung wird nämlich ein Teil des Körpers aus dem Wasser gehoben und ein anderer versenkt, wodurch ein *Stabilitätsmoment* entsteht, welches die ursprüngliche Lage wieder herzustellen trachtet.

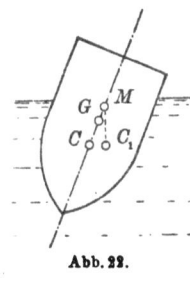

Abb. 22.

Beim Schiff kann man die Drehung in eine solche um die Längsachse (Rollen) und eine solche um die Querachse (Stampfen) zerlegen. Dabei werde die in der Schwimmebene liegende Längsachse, um welche das *rollende* Schiff seine seitlichen Schwankungen vollzieht, als x-Achse betrachtet. Senkrecht zu ihr werden die y gemessen. Neigt sich das Schiff um einen Winkel θ aus seiner aufrechten Lage, so heben sich auf der einen und senken sich auf der andern Schiffsseite Teilchen vom Grundriß $dx\,dy$ und der Höhe $y\theta$, wodurch der Auftrieb seine Lage verändert und Momente

$$\gamma \theta\, y\, dx\, dy \cdot 2y = 2\gamma\, \theta y^2\, dy\, dx$$

entstehen, die die ursprüngliche Lage wieder herzustellen trachten. Jeder Doppelkeil von der Dicke dx übt ein Moment

$$2\gamma \theta\, dx \int y^2\, dy$$

aus und der sich über das ganze Schiff erstreckende Doppelkeil ein Moment

$$2\gamma\theta\iint y^2\,dy\,dx = \gamma\theta I_x,$$

wenn I_x das Trägheitsmoment der ganzen Fläche bedeutet, die von der Wasserlinie, d. i. der Schnittlinie von Schwimmebene und Schiffs-

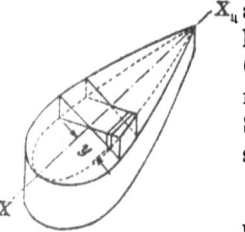

Abb. 23.

außenfläche, umschlossen ist. Die Verdrängung habe einen Rauminhalt V, also der Auftrieb eine Größe γV. Schneidet der Auftrieb in seiner neuen Lage die geneigte Symmetrieebene des Schiffes in einem Punkte M, dem *Metazentrum*, so hat die seitliche Verrückung des Auftriebes

$$\overline{CC_1} = \overline{MC}\cdot\theta$$

betragen,

während anderseits $\overline{CC_1} = \dfrac{\text{Moment}}{\text{Kraft}} = \dfrac{\gamma\theta I_x}{\gamma V} = \dfrac{\theta I_x}{V}$

sein muß. Die Gleichsetzung beider Werte von $\overline{CC_1}$ liefert

$$(12)\quad \overline{MC} = \frac{I_x}{V} = \frac{\text{Trägheitsmoment der Fläche innerhalb der Wasserlinie}}{\text{Wasserverdrängung}}$$

Ist $\overline{MC} > \overline{GC}$, liegt also das Metazentrum höher als der Schiffsschwerpunkt, so führt das entstandene Kräftepaar das Schiff in seine ursprüngliche Lage zurück; andernfalls wird die Neigung vergrößert und findet ein Kentern statt. Dabei muß allerdings bemerkt werden, daß nur eine geringfügige Neigung des Schiffes vorausgesetzt wurde. Bei größerer Neigung kommt die äußere Begrenzung des Doppelkeiles in Betracht, die selbst von der Schiffsform abhängt. — Im Schiffsbau muß dann noch auf den Seegang, den Winddruck, die Beweglichkeit der Ladung u. a. m. Rücksicht genommen werden.

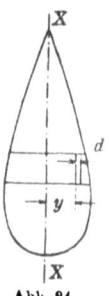

Abb. 24.

Beispiel. Bei welchem Verhältnis der Höhe h zur Breite b hört die Stabilität eines Parallelepipedes vom Eigengewicht 0,9 auf? — Bei einer Länge l beträgt das Gewicht des Blockes $0,9\,bhl$, so daß der Schwerpunkt C der Verdrängung in der Höhe $0,45\,h$ über der Unterfläche oder in der Tiefe $\overline{CG} = 0,05\,h$ unter dem Schwerpunkt G des Blockes zu liegen kommt. Nach Gl. (12) hat man

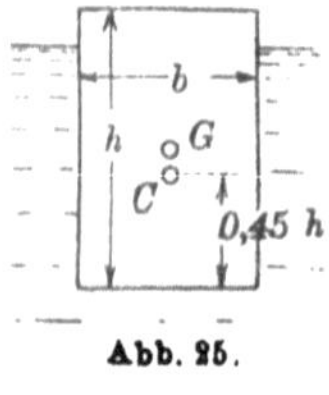

$$\overline{MC} = \frac{b^3 l}{12} : 0,9\,bhl = \frac{b^2}{10,8\,h},$$

so daß sich für $\overline{MC} = \overline{CG}$ oder für $0,05\,h = \dfrac{b^2}{10,8\,h}$

Abb. 25.   das Verhältnis $h : b = 1,36$ ergibt.

II. Die Bewegung der vollkommenen Flüssigkeit.

1. Das Bernoullische Theorem.

In der Mechanik starrer Körper wird auseinandergesetzt, daß, wenn ein solcher abwärtsgleitet, er bei vollständiger Glätte der ihn führenden Bahn in der jeweiligen Tiefe h unter seiner Anfangslage die Geschwindigkeit $v = \sqrt{2gh}$ besitzt. Die im Körper, dessen Gewicht G sei, aufgespeicherte Energie $G\dfrac{v^2}{2g} = Gh$ würde dann

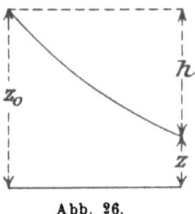

Abb. 26.

gerade ausreichen, um ihn bis zu seiner Anfangshöhe zurückzuheben. Mißt man die jeweilige Höhe z des Körpers von einer Gleichenebene aus, die sich in der Tiefe z_0 unter seiner Anfangslage befindet, so gilt also

$$h = z_0 - z = \frac{v^2}{2g}$$

oder

(13) $$z + \frac{v^2}{2g} = z_0.$$

Seit *E. Torricelli* (1644) ist es nun bekannt, daß bei Austritt einer Flüßigkeit aus einem Gefäß, wenn der Austritt durch einen aufwärts gerichteten Strahl erfolgt, dieser ungefähr bis zur Höhe des Spiegels ansteigt, den die Flüssigkeit im Gefäße aufweist. Für die aufgespeicherte Arbeit ist also in Flüssigkeiten nicht die Anfangslage der Teilchen, sondern die Spiegelhöhe maßgebend. Darnach bleibt Gl. (13) bestehen, wenn man unter z_0 die Spiegelhöhe über der Gleichenebene, unter z die Höhe einer Stelle des Strahles über der Gleiche und unter v die Geschwindigkeit an dieser Strahlstelle versteht. Dabei ist es gleichgültig, welche ursprüngliche Lage das Teilchen im Gefäße hatte. Es würde sich an der betrachteten Strahlstelle die nämliche Geschwindigkeit wie vordem herausbilden, auch wenn man z. B. mit Hilfe eines vom Ausflußstutzen ins Gefäß hineinreichenden Entnahmerohres ganz andere Teilchen wie früher in den Strahl treten ließe. Bei dem behandelten Vorgang war ursprünglich die Geschwindigkeit des Teilchens $v_1 = 0$; bezeichnet ferner p_1 seinen damaligen hydrostatischen Überdruck über den atmosphärischen, γ das Eigengewicht der Flüssigkeit, so war

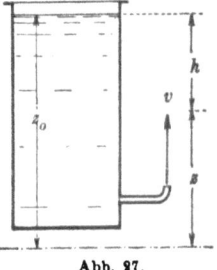

Abb. 27.

$$z_0 = \frac{p_1}{\gamma} + z_1 + \frac{v_1^2}{2g}.$$

Im Strahl ist hingegen zwar eine Geschwindigkeit v_2 in der Höhe z_2 vorhanden, dafür aber ist der Überdruck $p_2 = 0$, so daß hier nach Gl. (13)

$$z_0 = \frac{p_2}{\gamma} + z_2 + \frac{v_2^2}{2g}$$

gilt, womit sich

(14) $$\frac{p_1}{\gamma} + z_1 + \frac{v_1^2}{2g} = \frac{p_2}{\gamma} + z_2 + \frac{v_2^2}{2g}$$

zeigt. Diese Beziehung läßt sich dadurch verallgemeinern, daß man weder die Geschwindigkeit v noch den Druck p Null sein läßt. Das ist der Fall, wenn man statt einer ruhenden Flüssigkeit und einem Strahl eine mit wechselndem Querschnitt strömende betrachtet. Dann verwandelt sich die Beziehung (14) in die Gleichung

(15) $$\frac{p}{\gamma} + z + \frac{v^2}{2g} = \text{konst.}$$

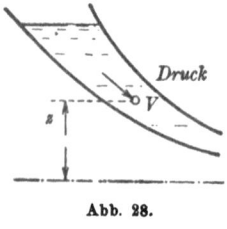

Abb. 28.

Dieselbe drückt das von *Daniel Bernoulli* aus Basel 1738 ausgesprochene Theorem aus, nach welchem bei *reibungsloser* Bewegung eines Flüssigkeitsteilchens die *Summe* aus *Druckhöhe, absoluter Höhe* und *Geschwindigkeitshöhe unveränderlich bleibt*. Bei Multiplikation mit dem Gewicht G des Teilchens geht (15) in die Gleichung

(16) $$\frac{Gp}{\gamma} + Gz + G\frac{v^2}{2g} = \text{konst.}$$

über, welche die Deutung erlaubt, daß die Energie eines Teilchens aus *Druckenergie, Höhenenergie* und *lebendiger Kraft* besteht und bei reibungsloser Bewegung unveränderlich bleibt. Hier kann man sich die Druckenergie dadurch veranschaulichen, daß man sich vorstellt, daß das Teilchen ursprünglich nahezu das Volum Null hatte und sein wirkliches Volum nur durch Zurückdrängen seiner mit dem Druck p widerstehenden Umgebung erlangt habe. Ein nicht ganz unähnlicher Vorgang kommt ja bei Gasen tatsächlich vor. Im Bernoullischen Theorem fasse man übrigens v nicht als die völlig unbekannte absolute Geschwindigkeit im Weltraum auf, sondern verstehe unter v die Bewegung relativ zu den festen Wandungen, welche gemeinschaftlich fortschreiten, ohne sich zu drehen. Bei Beziehungen, welche vermittels des in Rede stehenden Theorems abgeleitet werden, darf man also nicht für die Flüssigkeit eine Zusatzgeschwindigkeit hinzudenken, ohne dies auch für die festen Wände zu tun. Daß die Einführung einer solchen zusätzlichen Geschwindigkeit w zu Irrtümern führen kann, spricht sich unter anderem darin aus, daß der Unterschied der an zwei Stellen herrschenden lebendigen Kräfte

$$\frac{v_1^2}{2g} - \frac{v_2^2}{2g} < \frac{(v_1+w)^2}{2g} - \frac{(v_2+w)^2}{2g}$$

ist, falls man $v_1 > v_2$ annimmt. Eine solche Zusatzgeschwindigkeit verändert eben die Arbeit, welche die Flüssigkeit an den Wänden verrichtet. In der Hydraulik im engeren Sinne pflegt man übrigens die Wandungen als in Ruhe befindlich anzusehen; die wesentlichste Rolle spielt dagegen deren Bewegung in der Theorie der Wasserräder und Turbinen.

2. Das Standrohr. Strömung in Röhren und Rinnsalen.

Die in Gl. (16) vorkommende Summe $\frac{p}{\gamma} + z$, d. i. die Höhe des freien Spiegels, läßt sich dadurch erkennen, daß man bis zur betreffenden Stelle der Flüssigkeit ein *Standrohr* (Piezometer) eintaucht, welches derart geformt ist, daß die in ihm enthaltene Flüssigkeit weder eine Stoß- noch eine Saugwirkung erfährt. Für zwei Stellen einer Leitung gilt, insoweit man die betreffende Flüssigkeit für die zu lösende Aufgabe als vollkommen und die Geschwindigkeit V an allen Punkten eines Querschnittes als gleich groß betrachten darf, gemäß Gl. (16) bei Kennzeichnung der beiden Stellen durch die Beiziffern 1 und 2

(16 b) $\quad \left(\frac{p_1}{\gamma} + z_1\right) + \frac{V_1^2}{2g} = \left(\frac{p_2}{\gamma} + z_2\right) + \frac{V_2^2}{2g}$

Die Standrohrspiegel lassen $\frac{p_1}{\gamma} + z_1$ und $\frac{p_2}{\gamma} + z_2$ und hiermit die Größe $\frac{V_2^2}{2g} - \frac{V_1^2}{2g}$ erkennen.

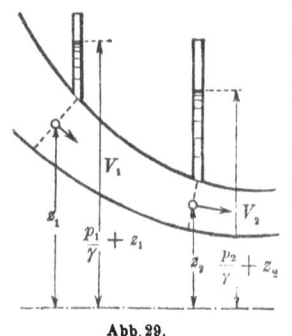
Abb. 29.

Beispiel. C. *Herschel* schaltet zur ständigen Messung des Durchflusses einer Leitung in dieselbe ein vom Durchmesser D_1 bis auf den kleineren Durchmesser D verengtes wagrechtes Formstück ein. Da $z_1 = z_2$ ist, gilt für den Druckunterschied des weiten und engen Querschnittes

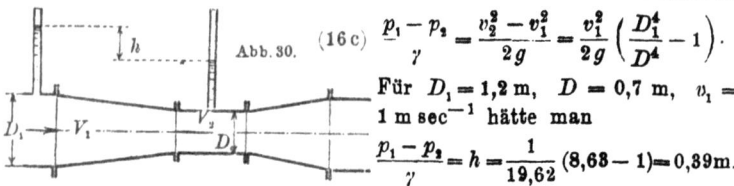

Abb. 30.

(16c) $\dfrac{p_1-p_2}{\gamma}=\dfrac{v_2^2-v_1^2}{2g}=\dfrac{v_1^2}{2g}\left(\dfrac{D_1^4}{D^4}-1\right).$

Für $D_1=1{,}2$ m, $D=0{,}7$ m, $v_1=1$ m sec^{-1} hätte man

$\dfrac{p_1-p_2}{\gamma}=h=\dfrac{1}{19{,}62}(8{,}63-1)=0{,}39$ m.

Wenn die Flüssigkeit aus einem Behälter in eine Leitung tritt, so spielt der Behälter die Rolle eines Standrohres. Errichtet man dann ein solches nahe an der Anschlußstelle auf dem Leitungsstrang selbst, in welchem die Geschwindigkeit U betragen möge, so wird der Spiegel hier, weil im Behälter die Geschwindigkeit Null herrscht, gemäß Gl. (16b) um die Geschwindigkeitshöhe

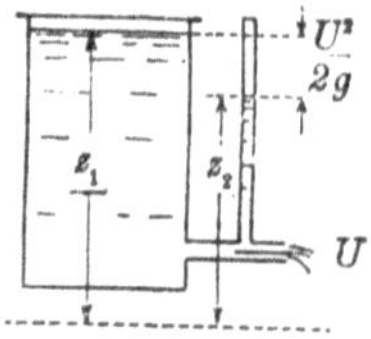

(16d) $\left(\dfrac{p_1}{\gamma}+z_1\right)-\left(\dfrac{p_2}{\gamma_2}+z_2\right)=\dfrac{U^2}{2g}$

Abb. 31.

tiefer als im Behälter stehen. Zwischen diesem und dem Rohranfang setzt sich eben dieser Teil der Spiegelhöhe bereits in Geschwindigkeit um.

Bei Strömungen in einem offenen Rinnsal stimmt sein Spiegel durchweg mit dem etwaiger Standröhren überein. Zwischen den Stellen 1 und 2 gilt daher für die dortigen Rinnsalspiegel nach Gl. (16b) für eine vollkommene Flüssigkeit

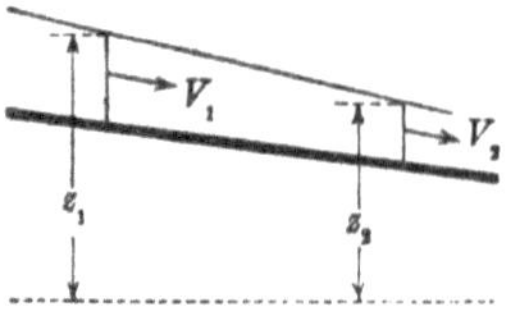

Abb. 32.

$$z_1-z_2=\dfrac{V_2^2}{2g}-\dfrac{V_1^2}{2g}.$$

Mißt man die Lauflänge, die mit s bezeichnet werde, in der Strömungsrichtung, so gilt daher, wenn man die beiden Stellen unendlich nahe aneinander rückt,

(17) $\qquad -\dfrac{dz}{ds}=\dfrac{d\left(\dfrac{V^2}{2g}\right)}{ds}.$

Hier bedeutet $-\dfrac{dz}{ds}$ das Gefälle im Sinne des Sinus des Neigungswinkels. Nennen wir dasselbe J, so haben wir demnach für die vollkommene Flüssigkeit

(17a) $\qquad J=\dfrac{d\left(\dfrac{V^2}{2g}\right)}{ds}.$

Ist J klein, so kann es sowohl als Tangente wie als Sinus des Spiegelneigungswinkels aufgefaßt werden.

3. Die Leistungsfähigkeit.

D. Bernoulli ging vom Grundgedanken aus, daß bei der Strömung einer Flüssigkeit, die er als vollkommen betrachtete, deren Energie sich nicht ändere. Sobald die Flüssigkeit auf ihrem Wege Arbeit verrichtet, ist dies nicht mehr der Fall, denn dann nimmt die Energie um den Betrag der geleisteten Arbeit ab. Beträgt der „*Durchfluß*", d. h. die in der Zeiteinheit durch den betreffenden Querschnitt fließende Raummenge, Q, so ist der Energieinhalt, der in der Zeiteinheit daselbst zur Verfügung steht, nach Gl. (16a)

$$\gamma Q \left(\frac{p}{\gamma} + z + \frac{v^2}{2g}\right).$$

Handelt es sich um Wasser eines offenen Laufes zwischen zwei Stellen, deren Spiegel die Meereshöhen z_1 und z_2 besitzen, so steht also für die Ausnutzung der Wasserkraft, soweit man das Wasser als vollkommene Flüssigkeit auffassen darf, eine sekundliche Arbeitsmenge (ein Effekt oder eine *Leistung*)

$$(18) \qquad L = 1000 \cdot Q \left[\left(z_1 + \frac{v_1^2}{2g}\right) - \left(z_2 + \frac{v_2^2}{2g}\right)\right]$$

zur Verfügung, wenn man L in m kg sec^{-1}, Q in m^3 sec^{-1}, z_1 und z_2 in m, und die Geschwindigkeiten v_1 und v_2 in m sec^{-1} mißt. Der Unterschied der Geschwindigkeitshöhen ist meistens vernachlässigbar und die Arbeit pflegt man in Pferdestärken zu 75 m kg sec^{-1} auszudrücken, so daß man für die verfügbare Leistung in Pferdestärken bei einer Fallhöhe $z_1 - z_2$ den Ausdruck

$$(18a) \qquad N = \frac{1000 \, Q \, (z_1 - z_2)}{75}$$

gewinnt. Wird von dieser theoretischen Leistung z. B. ein Viertel zur Überwindung der Reibungen aller Art verbraucht, so bleibt als Nutzleistung

(18b) $\qquad 10 \, Q \, (z_1 - z_2)$ m kg sec^{-1} übrig.

4. Wirbel.

Strömt aus einem Gefäße eine „vollkommen" gedachte Flüssigkeit durch ein kreisförmig gedachtes Vierkantrohr von wagrechter Sohle und senkrechten Wänden, so beschreiben bei entsprechenden Anfangsgeschwindigkeiten die Flüssigkeitsteilchen kreisförmige Bahnen. Bezeichnet r die Bahnhalbmesser, so äußert das flüssige Ringstück vom Zentriwinkel $d\varphi$ (also der Länge $r d\varphi$, der Höhe dz und der Dicke dr) bei einem Eigengewichte γ und einer Geschwindigkeit u eine Fliehkraft

$$\frac{\gamma}{g} \cdot r d\varphi \cdot dz \cdot dr \frac{u^2}{r}.$$

Diese Fliehkraft vergrößert den hydrostatischen Druck p in wagrechter Richtung, wobei sie sich auf eine senkrechte Fläche $r\,d\varphi \cdot dz$ verteilt. Daher muß

$$r\,d\varphi \cdot dz \cdot dp = \frac{\gamma}{g} u^2 \cdot d\varphi \cdot dz \cdot dr$$

oder

(19) $$dp = \frac{\gamma}{g} u^2 \frac{dr}{r}$$

sein. Es werde nun vorausgesetzt, daß das Gefäß sehr groß, daher die Geschwindigkeit an seinem Spiegel unbedeutend und dieser fast wagrecht sei. Dann gilt zufolge des Bernoullischen Gesetzes für die gesamte Flüssigkeit im Vierkantrohr nach Gl. (15)

$$\frac{p}{\gamma} + z + \frac{u^2}{2g} = \text{konst.}$$

Die Differentiation dieses Ausdruckes liefert, weil z sich in wagrechter Richtung nicht ändert

(19a) $$dp = -\frac{\gamma}{g} u\,du,$$

woraus in Verbindung mit Gl. (19)

$$-\frac{du}{u} = \frac{dr}{r}$$

hervorgeht. Herrscht in einem Kreise vom Halbmesser r_0 die Geschwindigkeit u_0, so ist also in der Entfernung r vom Mittelpunkte die Geschwindigkeit

(19b) $$u = \frac{u_0 r_0}{r}$$

oder dieser Entfernung *verkehrt proportional*. — Wenn hiervon abweichend in den Krümmern der Wasserleitungen und in den Flußbögen die größte Geschwindigkeit in der Nähe der Außenwand oder des konkaven Ufers auftritt, so hat dies wesentlich seinen Grund darin, daß hier die Kurvenstrecke zwischen zwei gerade oder entgegengesetzt gekrümmte Strecken eingeschaltet erscheint. Wo aber Wirbel in einem Wasserlauf durch die Umströmung von Ecken u. dgl. hervorgerufen werden, weisen sie tatsächlich die größte Geschwindigkeit in der Achse auf und üben sie hier daher eine besondere Kolkwirkung auf den Untergrund aus. — Die eben betrachteten Wirbel sind *quirlfrei*, d. h. es findet keine Drehung der Flüssigkeitsteilchen statt, wohl aber eine Umgestaltung der flüssigen Masse. Da die äußeren Teilchen langsamer als die inneren kreisen, befinden sich nämlich die Teilchen, die in einem Zeitpunkte auf demselben Halbmesser liegen, später in einer Spirale, deren Windungszahl mit der Zeit wächst.

Im Gegensatz hierzu findet beim reinen *Quirl* keine Formänderung mit der Zeit statt, sondern dreht sich die Masse als Ganzes um eine Achse wie ein fester Körper. Ein Beispiel einer solchen Drehung wurde oben auf S. 2 gegeben. Hier war die Geschwindigkeit u dem Achsenabstand r proportional. Eine vorher ruhende oder fließende Flüssigkeit nachträglich in Drehung zu versetzen, ist nur mit Hilfe der Reibungskräfte durchführbar und bei einer vollkommenen Flüssigkeit daher nicht möglich: daher kam die Quirlfreiheit der zuerst betrachteten Wirbel.

Wir haben also zwei Arten von Wirbel kennen gelernt, quirlfreie und Quirle. Während, wo nur erstere in einer vollkommenen Flüssigkeit vorkommen, ein- und derselbe Bernoullische Ansatz für die gesamte Flüssigkeit zutrifft, gilt bei nicht quirlfreier Bewegung dieselbe Konstante zufolge des allgemeinen Gesetzes von der Erhaltung der Energie noch für die einzelnen Faden, aber nicht mehr für die Gesamtmasse.

III. Bewegung in Schichten.

1. Die Zähigkeit.

Bei langsamer Bewegung und engem Querschnitt fließt die Flüssigkeit in aufeinandergleitenden Schichten, ohne daß plötzliche Änderungen der Geschwindigkeit zwischen benachbarten Punkten stattaben. Bei dieser Bewegung ruft der Geschwindigkeitsunterschied dv der Schichten, wenn er auf einer senkrecht zu letzteren gemessenen Entfernung dn stattfindet, eine Reibung

$$(20) \qquad \tau = \eta \frac{dv}{dn}$$

hervor, welche die langsamere Flüssigkeit zu beschleunigen und die raschere zu verzögern trachtet. In (20) ist η eine konstante Größe von der Dimension Kraft $\times$ Zeit : Fläche, welche Größe den Namen *innerer Reibungskoeffizient* (auch *Zähigkeit* oder *Viskosität*) führt. Sie ist für die verschiedenen Flüssigkeiten sehr verschieden und hängt bei jeder einzelnen von der Temperatur ab. Für Wasser von T^0 Celsius ist nach *J. L. Poiseuille*

$$(21) \qquad \eta = \frac{0{,}00001814}{1 + 0{,}0337\,T + 0{,}00022\,T^2}\,\text{g sec cm}^{-2} =$$
$$= \frac{0{,}0001814}{1 + 0{,}0337\,T + 0{,}00022\,T^2}\,\text{kg sec m}^{-2};$$

demnach gilt für Wasser von

0⁰   5⁰   10⁰   15⁰   20°C
$\eta = 0{,}000181 \; 0{,}000155 \; 0{,}000133 \; 0{,}000117 \; 0{,}000103\,\mathrm{kg\,sec\,cm^{-2}}$;
dagegen ist z. B. für Rüböl von $0°C$ $\eta = 0{,}283$ und für solches von $20°C$ $\eta = 0{,}0202\,\mathrm{kg\,sec\,m^{-2}}$.

Die Zähigkeit von Schmieröl wird im Handel meist in *Engler*-Graden angegeben, die man ermittelt, indem man das eine Mal Wasser von 20°C und das andere Mal die zu untersuchende Flüssigkeit aus einem Gefäß durch ein enges Röhrchen ausfließen läßt und die Zeitdauer mißt, welche die Entleerung des Gefäßes erfordert. Der Englergrad E ist dann gleich dem Verhältnis der Ausflußzeit des Schmieröls zu der des Wassers. Angenähert ist nach *R. v. Mises* für $\eta g > \gamma$

$$E = 11{,}58 \frac{\eta g}{\gamma} + 0{,}077 \frac{\gamma}{\eta g}$$

und $\qquad \eta = \left(0{,}0864\,E - \dfrac{0{,}08}{E}\right)\dfrac{\gamma}{g} = \dfrac{0{,}088\,E - \dfrac{0{,}082}{E}}{1000}\gamma$

mit γ als Eigengewicht des Öles in $\mathrm{g\,cm^{-3}}$ und η als dessen Zähigkeit in $\mathrm{g\,sec\,cm^{-2}}$.

2. Durchfluß durch Haarröhrchen.

Wenn zwei gleich hoch gestellte Gefäße mit verschieden hoch gelegenen Spiegeln durch ein enges Röhrchen, ein sogenanntes *Haarröhrchen*, verbunden sind, bewegt sich die Flüssigkeit in konzentrischen zylindrischen Schichten von dem höher zum weniger hoch gefüllten Behälter. Offenbar nimmt hierbei die Geschwindigkeit nach innen zu, weil bei wagrechter Röhrchenlage und den Drucken p_1 und p_2 an den beiden Enden jeder volle Flüssigkeitszylinder vom Halbmesser r unter der Wirkung eines Druckunterschiedes

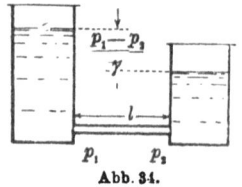

Abb. 34.

$$\pi r^2 (p_1 - p_2)$$

steht. Herrscht an der Oberfläche dieses Zylinders die Geschwindigkeit u, so ist sie in der Entfernung dr von dieser Fläche mit $u + du$ zu bezeichnen, so daß nach Gl. (20) bei einer Röhrchenlänge l die Reibung

$$\eta \cdot 2\pi r l \cdot \frac{du}{dr}$$

beträgt. Da die Flüssigkeit das Röhrchen vollkommen ausfüllen muß, kann in ihm weder eine Beschleunigung noch eine Verzögerung stattfinden und hat (weil du negativ ist)

$$\pi r^2 (p_1 - p_2) = -\eta \cdot 2\pi r l \cdot \frac{du}{dr}$$

(22) oder $du = -\dfrac{1}{2\eta} \dfrac{p_1 - p_2}{l} r\, dr$

zu sein. Die Integration liefert

$$u = -\frac{1}{4\eta} \frac{p_1 - p_2}{l} r^2 + \text{konst.}$$

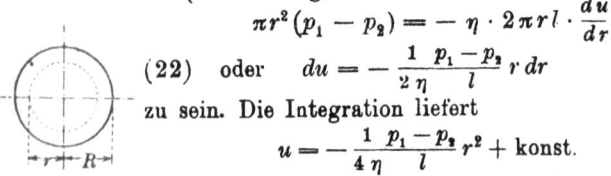

Abb. 35.

Haftet die Flüssigkeit an der Rohrleibung, wie dies

Zähigkeit. Fließen durch Haarröhrchen. Filtergesetz

z. B. bei Wasser und Glas oder Eisen der Fall ist, und hat das Rohr den Innendurchmesser $2R$, so ist $u = 0$ für $r = R$ und folgt für die Geschwindigkeitsverteilung

(22 a) $$u = \frac{1}{4\eta} \frac{p_1 - p_2}{l} (R^2 - r^2).$$

Der Durchfluß läßt sich leicht aus (22 a) berechnen, und zwar gilt für ihn

$$Q = \int_0^R u \cdot 2\pi r \cdot dr = \frac{2\pi}{4\eta} \frac{p_1 - p_2}{l} \int_0^R (R^2 r - r^3) dr$$

oder $$Q = \frac{\pi}{2\eta} \frac{p_1 - p_2}{l} \left(\frac{R^2 r^2}{2} - \frac{r^4}{4} \right)_{r=0}^{r=R}$$

(22 b) oder $$Q = \frac{\pi}{8\eta} \frac{p_1 - p_2}{l} R^4,$$

welcher Durchfluß einer *mittleren* Geschwindigkeit

(22 c) $$U = \frac{Q}{\pi R^2} = \frac{1}{8\eta} \frac{p_1 - p_2}{l} R^2 = \frac{\gamma}{32\eta} (2R)^2 J$$

entspricht, falls man mit J das Gefälle, das ist den Bruch $\frac{\text{Spiegelhöhenunterschied}}{\text{Röhrchenlänge}}$ bezeichnet.

Beispiel. Eine 110 cm dicke Behältermauer wird 300 cm unter dem stets auf gleicher Höhe gehaltenen Spiegel von einer röhrenartigen Öffnung von 0,25 cm Durchmesser durchsetzt. Wieviel Wasser geht hier täglich verloren? — Wir setzen eine Wassertemperatur von 10°C oder $\eta = 0,0000133$ g sec cm^{-2} voraus und finden nach (22 b)

$$Q = \frac{\pi}{8 \cdot 0,0000133} \frac{300}{110} (0,125)^4 = 19,7 \text{ cm}^3 \text{sec}^{-1}$$

oder einen Verlust von 1693 Liter in 24 Stunden bei einer mittleren Geschwindigkeit

$$U = \frac{1}{8 \cdot 0,0000133} \frac{300}{110} (0,125)^2 = 401 \text{ cm sec}^{-1},$$

wenn die zur Erzeugung der Geschwindigkeit erforderliche Druckhöhe unberücksichtigt bleibt.

3. Das Filtergesetz.

Die Druckabnahme bleibt dem Durchfluß proportional, wenn man das bisher betrachtete einfache Röhrchen durch ein Netz von Haarröhrchen oder auch, wie *H. Darcy* im Jahre 1856 nachgewiesen hat, durch die Hohlräume ersetzt, in welchen Wasser durch durchlässige Bodenarten sickert. Hier wäre es schwer, die einzelnen Geschwindigkeiten zu bestimmen, und sie hätten für uns im allgemeinen auch nur wenig Bedeutung. Was man gewöhnlich wissen will, ist nicht die wahre Geschwindigkeit in den Poren, sondern die *Filtergeschwindigkeit*, das ist die Raummenge Wasser, welche in der Zeiteinheit durch die Flächeneinheit der Bodenart

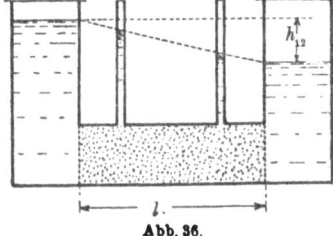

Abb. 36.

oder des Filterstoffes läuft. Sie möge mit u_f bezeichnet werden. Das Filtergesetz gibt sich in einfacher Weise zu erkennen, wenn man durch ein mit Sand gefülltes wagrechtes Rohr Wasser aus einem Gefäß mit höherem Spiegel in ein solches mit niedrigerem Spiegel treten läßt. Bei Anbringung von Standröhren stellen sich deren Spiegel in einer Linie von gleichförmigem Gefälle zwischen den beiden Gefäßen ein. Bei einem Höhenunterschied h_{12} der Gefäßspiegel, einer Länge l und einem Querschnitt F des Rohres zeigt sich bei Einführung einer Konstante k

(23) $$u_f = k\frac{h_{12}}{l}$$

und die Sickermenge in der Zeiteinheit

(23a) $$Q = u_f F = k\frac{h_{12}}{l} F$$

oder, wenn man das Verhältnis $\frac{h_{12}}{l}$ in der Formel (23a) durch das Gefälle J ersetzt

(24) $$Q = kJF.$$

Die Konstante k, welche den Namen *Durchlässigkeit* führt, hängt vom durchsickerten Stoffe ab; sie stimmt gemäß Gl. (23) mit der Filtergeschwindigkeit bei einem Gefälle „Eins" überein und hat daher die Dimension einer Geschwindigkeit. Für reinen Sand von einer mittleren Korndicke von d cm hat man in der Regel

(25) $$k = 36 \text{ bis } 50\, d^2 \text{ cm sec}^{-1}$$

Für die Durchlässigkeit k sind zufolge des für Haarröhrchen geltenden Gesetzes offenbar die Menge und Weiten der Hohlräume maßgebend, welche bei einem aus verschieden dicken Körnern bestehenden Sande mehr von den kleinen als von den großen Körnern abhängen. Große Körner, die ganz von kleinen umgeben sind, können, weil sie zwar die sie unmittelbar umgebenden Hohlräume vergrößern, aber den durchflossenen Sandquerschnitt verkleinern, sogar die Durchlässigkeit herabsetzen. A. Hazen in Massachusetts hat daher 1892 den Begriff des *wirksamen* Korndurchmessers d_w eingeführt. Er kennzeichnet d_w dabei durch die Vorschrift, daß sämtliche Körner, deren Volumen kleiner als der Kugelinhalt $\frac{1}{6}\pi d_w^3$ ist, zusammen $\frac{1}{10}$ des gesamten Sandgewichtes wiegen sollen. Es scheidet d_w also den Sand in $\frac{1}{10}$ kleinere und $\frac{9}{10}$ größere Körner. Bei losester Schüttung in reinem Feinsand fand Hazen für Wasser von 10^0 C

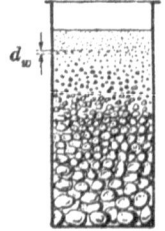
Abb. 87.

(26) $$u_f = 116\, d_w^2 J \text{ cm sec}^{-1}.$$

Der Durchfluß durch Haarröhrchen nimmt, wie die Ausdrücke (21) und (22b) zeigen, mit der Temperatur zu; Ähnliches ermittelte der Genannte für die Filtergeschwindigkeit, die für jeden ^{0}C Temperaturzunahme um 3 Prozent wuchs.

Schon geringe Tonbeimengungen vermindern die Durchlässigkeit außerordentlich, setzen sie auf einen Bruchteil jener des reinen Sandes herab. Auch nimmt bei grobem Sand die Durchlässigkeit schon bei den technisch vorkommenden Gefällen mit wachsender Filtergeschwindigkeit ab, wenn der wirksame Korndurchmesser mehr als etwa 0,3 cm mißt.

4. Grundwasserströmung gleichförmiger Breite bei schwachem Gefälle.

Wenn die Oberfläche des durchlässigen Bodens höher als der Spiegel des Grundwassers liegt, und dieses mit geringer Neigung fließt, kann man die Spiegelneigung als das Gefälle der Formel (24) betrachten. In der Tat stimmen in diesem Falle die Spiegel beliebig tief eingetriebener Standröhren mit dem Grundwasserspiegel nahezu überein. Kennt man den Querschnitt F des Grundwasserstromes, das Spiegelgefälle J und die Bodendurchlässigkeit k, so kann man daher die Ergiebigkeit

$$Q = kJF$$

des unterirdischen Stromes angeben.

Beispiel. Im durchlässigen Untergrund eines 120 m breiten Tales, das beidseitig von steil abfallenden undurchlässigen Felswänden eingeschlossen ist, haben Bohrungen im Punkte X_1 das Grundwasser in der Meereshöhe von 115 m und dichten Lehm in der Meereshöhe von 111 m angetroffen; 480 m talab im Punkte X_2 waren die entsprechenden Höhenkoten 114,4 und 110,1.

Abb. 38.

Wieviel Wasser führt der Grundwasserstrom, wenn die Durchlässigkeit k des Untergrundes 4 cm sec^{-1} beträgt? — Im Punkte X_1 hat der Grundwasserstrom einen Querschnitt von $120 \cdot 4 = 480$ m^2, im Punkte X_2 einen solchen von $120 \cdot 4,3 = 516$ m^2, so daß als mittlerer Querschnitt $F = 498$ m^2 zu betrachten ist. Das Gefälle ist $(115-114,4):480 = 0,00125$. So findet sich die Ergiebigkeit $Q = 0,04 \cdot 0,00125 \cdot 498 = 0,0249$ m^3 sec^{-1} oder $= 2151$ m^3 in 24 Stunden.

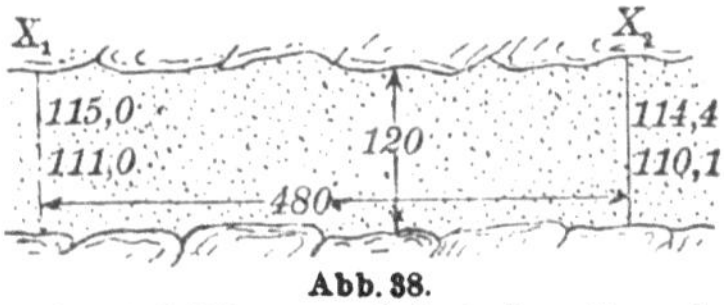

Strömt das Grundwasser über einer wagrechten dichten Sohle — wie wir annehmen wollen, der x-Richtung entgegen und mit der Mächtigkeit z —, so haben wir

$$(27) \qquad J = \frac{dz}{dx},$$

so daß wir für die Breiteneinheit des Grundwasserstromes eine Sickerung

$$(27\text{a}) \qquad q = k\frac{dz}{dx}z \qquad \text{erhalten.}$$

Hieraus geht $\quad z\,dz = \frac{q}{k}dx \quad$ und durch Integration

$$z^2 = \frac{2q}{k}x + \text{konst}$$

hervor. Haben zwei Punkte des Längsschnittes die Koordinaten x_1, z_1 und x_2, z_2, so liefert dies für die Spiegelkurve die Gleichung

(27b) $$z_1^2 - z_2^2 = \frac{2q}{k}(x_1 - x_2).$$

Ein Grundwasserstrom gleichmäßiger Breite und schwachen Gefälles nimmt also über einer dichten wagrechten Sohle einen in der Strömungsrichtung parabolisch gekrümmten Spiegel an.

Beispiel. Ein gutes Verfahren zur Bestimmung der Durchlässigkeit k einer Bodenart besteht darin, daß man sie in eine offene

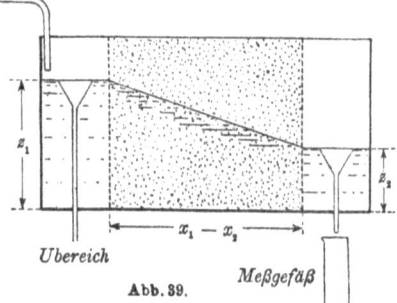

Abb. 39.

Kiste zwischen zwei lotrechte Metallgeflechte einfüllt. In den Räumen zwischen den Geflechten und den benachbarten Wänden bringt man Überläufe an, läßt in den einen Raum Wasser einlaufen und mißt das aus dem andern Raum ausfließende. Bei einer Innenbreite b ist, bei Beibehaltung der Bezeichnung der Formel (27b), wenn in der Zeiteinheit $Q = qb$ durchfließt,

(27c) $$k = \frac{2Q}{b} \frac{x_1 - x_2}{z_1^2 - z_2^2}.$$

Unter Vernachlässigung der Parabelkrümmung hätte man als mittleren Querschnitt $\frac{1}{2}b(z_1 + z_2)$, als Gefälle $\frac{z_1 - z_2}{x_1 - x_2}$, daher, nach der Formel $Q = kJF$

(27d) $$Q = k \frac{z_1 - z_2}{x_1 - x_2} \cdot \frac{b(z_1 + z_2)}{2},$$

welcher Ausdruck mit dem eben gefundenen (27c) übereinstimmt. Praktisch zeigt es sich, daß k erst nach Ablauf von ein paar Tagen seinen endgültigen Wert annimmt.

Wäre bei wagrechter dichter Sohle $\frac{dq}{dx}$ positiv, so würde die Strömung nicht mehr der Forderung genügen, stets in gleicher Weise vor sich zu gehen. Denn dann würde in einem Stromstreifen von der Breite 1 der Zufluß zum Querschnitt $x + dx$ um dq größer als der Abfluß aus dem Querschnitt x sein. Dadurch wüchse der Wasserinhalt über dem Sohlenviereck von der Breite 1 und der Länge dx (siehe Gl. (27a)) in der Zeiteinheit um

$$dq = d\left(k \frac{dz}{dx} z\right) = \frac{k}{2} \frac{d^2(z^2)}{dx^2} dx$$

und höbe sich bei einem Porenverhältnisse μ des wasserführenden Bodens der Grundwasserspiegel mit der Geschwindigkeit

(27e) $$w_x = \frac{k}{2\mu} \frac{d^2(z^2)}{dx^2}.$$

5. Grundwasserströmung bei beliebigem Spiegel von schwachem Gefälle.

Bildet der Spiegel eine doppelt gekrümmte Fläche und ist sein Gefälle, so wie das der dichten Sohle, klein, so fließt das Grundwasser in seiner ganzen Mächtigkeit senkrecht zu den Höhenkurven des Spiegels. Eine solche Strömung stellt beispielsweise die nebenstehende Abbildung dar, welche die Speisung zweier Brunnen durch Flußwasser auf der einen und Binnenwasser auf der anderen Seite veranschaulicht.

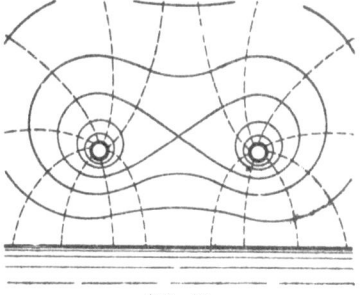

Abb. 40.

Ist die undurchlässige Schicht wagrecht, so muß der Spiegel, wenn er unveränderlich bleiben soll, längs zwei aufeinander senkrechten Richtungen x und y entgegengesetzte Krümmung aufweisen. Die Unveränderlichkeit des Spiegels verlangt nämlich, daß die Hebung w_x, welche z. B. die konkave Krümmung für sich allein gemäß Gl. (27e) verursachen würde, durch die Senkung aufgehoben werde, welche der konvexen Krümmung längs der y-Richtung entspräche. Es muß also $w_x + w_y = 0$ sein. Hieraus ergibt sich sofort gemäß Gl. (27e), daß, wie *Forchheimer* 1892 gezeigt hat, die Höhen z der Spiegelfläche über der wagrechten Sohle bei stationärer Strömung der partiellen Differentialgleichung

$$(28) \qquad \frac{\partial^2(z^2)}{\partial x^2} + \frac{\partial^2(z^2)}{\partial y^2} = 0$$

genügen müssen. Zu ihrer Erläuterung diene der einfache Fall der rings gleichförmigen Zusickerung in einen Brunnen, der mit durchlässigen Wänden bis zur undurchlässigen Schicht niedergebracht wurde. Die Entnahme aus dem Brunnen sei Q. Die Querschnitte F des Grundwasserstromes sind im vorliegenden Falle offenbar Zylinder, welche die Brunnenachse als gemeinschaftliche Achse besitzen, so daß in der Entfernung r von letzterer

$$F = 2\pi r z, \quad J = \frac{dz}{dr}$$

und

$$(29) \qquad Q = kJF = 2\pi k r z \frac{dz}{dr}$$

oder

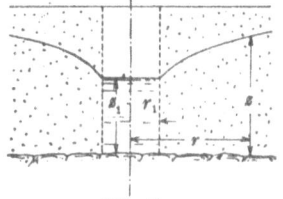

Abb. 41.

(29a) $$z\,dz = \frac{Q}{2\pi k}\frac{dr}{r}$$

ist. Die Integration von (29a) liefert unter der Bedingung, daß für $r = r_1$ die Spiegelhöhe $z = z_1$ sei, die Spiegelgleichung

(30) $$z^2 - z_1^2 = \frac{Q}{\pi k}\log\mathrm{nat}\,\frac{r}{r_1}$$

$$= \frac{Q}{\pi k}\left[\log\mathrm{nat}\,\sqrt{x^2+y^2} - \log\mathrm{nat}\,r_1\right].$$

Die Differentiation gibt

$$\frac{\partial(z^2)}{\partial x} = \frac{Q}{2\pi k}\cdot\frac{2x}{x^2+y^2} = \frac{Q}{\pi k}\cdot\frac{x}{x^2+y^2}$$

und bei abermaliger Differentiation

$$\frac{\partial^2(z^2)}{\partial x^2} = \frac{Q}{\pi k}\frac{x^2+y^2-x\cdot 2x}{(x^2+y^2)^2} = \frac{Q}{\pi k}\frac{y^2-x^2}{(x^2+y^2)^2}.$$

Aus der Vertauschung von x mit y geht hieraus

$$\frac{\partial^2(z^2)}{\partial y^2} = \frac{Q}{\pi k}\cdot\frac{x^2-y^2}{(x^2+y^2)^2}$$

hervor, wonach in der Tat

$$\frac{\partial^2(z^2)}{\partial x^2} + \frac{\partial^2(z^2)}{\partial y^2} = 0$$

ist und (30) einen Grundwasserspiegel darstellt. Jede Fläche, welche der Gl. (28) entspricht, kann als Grundwasserspiegel aufgefaßt werden, welcher freilich technisch nicht herstellbar sein muß. So bildet sich beispielsweise, wie hier kurz angeführt werde, um einen in der Nähe eines Flusses gelegenen Brunnen, der mit durchlässigen Wandungen bis zur wagrechten undurchlässigen Schicht reicht, der der Differentialgleichung (28) entsprechende Spiegel

(30a) $$z^2 - h_0^2 = \frac{2q_0 y}{k} - \frac{Q}{\pi k}\log\mathrm{nat}\,\frac{s}{r}.$$

Hierin bedeutet z die Höhe eines beliebigen Spiegelpunktes und h_0 die des Flußspiegels über der undurchlässigen Schicht, r die Entfernung von der Brunnenachse, s die Entfernung von einer Achse, die bezüglich des Flußufers symmetrisch zur Brunnenachse liegt,

y die Entfernung vom Flußufer, q_0 den unterirdischen Zufluß, der sich ursprünglich senkrecht zum Ufer aus dem Binnenlande in jede Längeneinheit des Flusses ergoß und nunmehr teilweise in den Brunnen gelangt, Q die Entnahme aus dem Brunnen. Die weitere Betrachtung lehrt unter anderem, daß, damit der Brunnen nur Binnenwasser liefere, sein Abstand vom Ufer

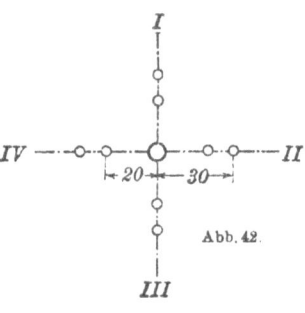

Abb. 42.

$$a > \frac{Q}{\pi q_0} \text{ sein muß.}$$

Beispiel. Behufs Feststellung der Durchlässigkeit k eines wasserführenden Bodens, der auf einer dichten, ziemlich wagrechten Sohle von der mittleren Meereshöhe von 120,5 m ruht, hat man einen Versuchsbrunnen abgesenkt und aus ihm durch etwa 14 Tage stündlich 90 m³ gepumpt. Man hat ferner in zwei sich in der Brunnenmitte rechtwinklig kreuzenden Geraden in je 20 und 30 m Entfernung von der Brunnenmitte Standröhren eingerammt, die Wasserspiegel in ihnen bestimmt und nachstehende Zahlen erhalten.

Strahl	Kote in 20 m Entfernung von der Achse	Kote in 30 m	Höhenunterschied in m	Gefälle
I	130,45	131,04	0,59	0,059
II	130,53	131,16	0,63	0,063
III	130,62	131,28	0,66	0,066
IV	130,56	131,20	0,64	0,064
Mittel	130,855			0,063

Die stündlich entnommenen 90 m³ oder 0,025 m³ sec^{-1} durchqueren einen Zylinder von 25 m Halbmesser und der mittleren Höhe von $130{,}855 - 120{,}5 = 10{,}355$ m, also von $2\pi \cdot 25 \cdot 10{,}355 = 1626{,}5$ m² Oberfläche. Da das mittlere Gefälle hier 0,063 beträgt, berechnet sich die Durchlässigkeit

$$k = \frac{Q}{JF} = \frac{0{,}025}{0{,}063 \cdot 1626{,}5} = 0{,}000244 \text{ m sec}^{-1} = 0{,}0244 \text{ cm sec}^{-1}$$

Um einen in Betrieb befindlichen Brunnen bildet der Grundwasserspiegel einen Trichter. Wird der Betrieb eingestellt, so füllt sich nicht nur der Schacht, sondern auch der Trichter allmählich an, welcher Vorgang zur Bestimmung der Bodendurchlässigkeit k benutzt werden kann. Bedeutet Q die Entnahme, t_1 und t_2 jene Zeitpunkte, zu welchen der Brunnenspiegel sich z_1 bzw. z_2 unter dem Ruhespiegel befindet, μ das Porenverhältnis des Bodens, p die Tiefenlage der Brunnenschneide unter dem Ruhespiegel, d den Innendurchmesser und D den Außendurchmesser des Schachtes, so gilt nämlich nach *Forchheimer*

(30b) $\quad Q(t_2 - t_1) = \frac{\mu Q^2}{4\pi k^2}\left(\frac{1}{z_2} - \frac{1}{z_1}\right) - \frac{\mu \pi}{3}\left[(p - z_2)^3 - (p - z_1)^3\right] +$
$\qquad \qquad + \frac{\pi}{4}(d^2 - \mu D^2)(z_1 - z_2),$

wonach sich k berechnen läßt, wenn die übrigen Größen bekannt sind.

Solange die durch eine Gewinnungsanlage hervorgerufene Senkung eines Grundwasserspiegels gering bleibt, solange also die Mächtigkeit des Grundwasserstromes durch die Senkungen vergleichsweise wenig

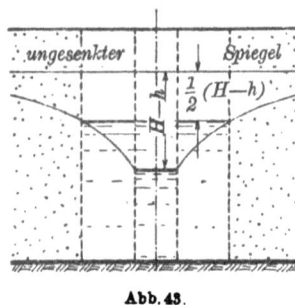

Abb. 43.

verringert wird, ändert sich bei wechselnder Entnahme an jeder Stelle die Filtergeschwindigkeit so ziemlich dem Gefälle proportional. Proportional den einzelnen Gefällen ändert sich dann auch die Gesamtsenkung des Grundwasserspiegels. Daraus geht hervor, daß, wenn man z. B. in einem gleichmäßigen Grundwasserstrom größerer Ausdehnung zwei Brunnen in genügendem Abstande voneinander absenkt, und man aus jedem derselben $\frac{Q}{2}$ entnimmt, die Spiegelsenkung in ihnen halb so groß ist, wie wenn man aus einem einzigen Q schöpft.

Will man hingegen die Spiegelsenkung in einem Brunnen dadurch auf die Hälfte bringen, daß man seinen Durchmesser vergrößert, so muß man — durchlässige, bis zur undurchlässigen Schicht reichende Wandungen vorausgesetzt — ihn bis zu der Zylinderfläche erweitern, an der die Spiegelsenkung die halbe ursprüngliche Gesamtsenkung erreicht hatte. Trotzdem von der Gesamtsenkung der wesentlichste Teil auf die Brunnennähe entfällt, müßte die Vergrößerung des Durchmessers recht erheblich ausfallen. Eine Verdoppelung der Brunnenweite würde z. B. nicht genügen. Das gebräuchlichste Mittel zur Vermeidung zu großer Senkungen ist daher die Vermehrung der Brunnenzahl.

Diese Erwägung hat dazu geführt, Brunnenreihen zu schlagen, also gewissermaßen einen durchlaufenden Sickerschlitz in Einzelbrunnen aufzulösen. Fließt der Breiteneinheit des Schlitzes q_1 zu, aber nur q_2 von ihr weiter, so ist der Wasserstand z_s im Schlitz gleich der Mächtigkeit, die q_2 zum Weiterdringen benötigt. Wird der Schlitz durch Brunnenröhren ersetzt, die durchweg gelocht sind, bis zur undurchlässigen Schicht reichen und in Abständen $2a$ aufeinander folgen, so stellt sich der Brunnenwasserstand $z_r < z_s$ ein, wobei, wenn jedem Brunnen Q in der Zeiteinheit entnommen wird,

(30 c) $$z_s^2 - z_r^2 = \frac{Q}{\pi k} \log \mathrm{nat}\, \frac{a}{\pi r} \quad \text{gilt.}$$

6. Grundwasserströmung mit geneigten Stromfäden.

Bei Strömung durch ein wagrechtes, mit einer durchlässigen Masse gefülltes Rohr fanden wir oben als Gl. (23)

$$u_f = k \frac{h_{12}}{l}.$$

Dies besagte, daß die Gewichtseinheit Flüssigkeit bei Zurücklegung des Weges l mit der Filtergeschwindigkeit u_f behufs Überwindung der Reibung eine Arbeit h_{12} zu verrichten hat, die sich in einer Senkung

Brunnenreihe. Geneigte Stromfäden

h_{12} des freien Wasserspiegels (vgl. den Ausdruck (13)) zu erkennen gibt. Diese Arbeit kann nicht von der Neigung der Stromfäden abhängen, und so muß die Formel (23) fortbestehen, auch wenn l nicht wagrecht, sondern irgendwie geneigt ist. Ihre Geltung ist dahin zu erweitern, daß, wenn das Grundwasser längs eines Stromfadens von der Länge l von einem Punkte A_1 nach einem Punkte A_2 mit der Filtergeschwindigkeit u_f strömt, dies verursacht, daß in einem bis A_2 abgesenkten Standrohr der Spiegel um h_{12} tiefer steht als in einem solchen, das bis A_1 reicht. Daß es bei dieser Bewegung einzig und allein auf die Höhe der Standrohrspiegel und nicht auf die Höhenlage der Stromfadenpunkte selbst ankommt, kann man außer an schon früher Gesagtem daran erkennen, daß zwei Standröhren mit gleichhohen Spiegeln, wenn sie auch in verschiedene Tiefe hinabreichen, kommunizierende Gefäße darstellen, in welchen zu einer Strömung kein Anlaß vorliegt.

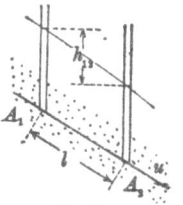

Abb. 44

In wassererfülltem Erdreich findet also zwischen zwei Punkten gleicher Standrohrspiegel keine Strömung statt. Vereinigt man alle Punkte gleicher Standrohrspiegel, so erhält man unterirdische Flächen gleichen Standrohr-Niveaus, senkrecht zu welchen Flächen die Bewegung stattfindet.

Das einfachste Beispiel einer solchen Bewegung bietet ein eine dichte Deckschicht durchsetzender runder Brunnenschacht mit halbkugelförmiger offener Sohle, deren oberster Kreis in der Unterfläche der Deckschicht liegt. Diese Unterfläche der Deckschicht stehe unter Druck, d. h. das Grundwasser steige, falls man die Deckschicht durchbohrt, in den Bohrlöchern empor. Nach unten erstrecke sich der durchlässige Boden bis ins Unendliche und vor Eröffnung des Brunnenbetriebes soll das Grundwasser in Ruhe gewesen sein, sollen also die Spiegel im Brunnen und in etwaigen Bohrröhren eine wagrechte Ebene gebildet haben.

Nach Beginn der Entnahme wird diese Ebene zum geometrischen Ort der Standrohrspiegel der unendlich fernen Punkte, in welchen die Bewegungslosigkeit fortdauert. Im übrigen Gebiet läuft das Grundwasser offenbar strahlenförmig gegen den Kugelmittelpunkt der Sohle. Diese bildet eine Fläche gleicher Standrohrspiegel, weil der Brunnen selbst ihr gemeinschaftliches Standrohr dar-

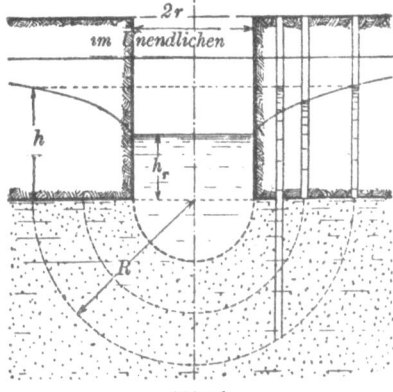

Abb. 45.

stellt. Die übrigen Flächen gleicher Standrohrspiegel bilden, weil sie senkrecht zu den Stromfäden verlaufen, ebenfalls Halbkugeln mit demselben Mittelpunkte wie die Sohle. Bezeichnet Q die Entnahme, r den Schachthalbmesser, R den Abstand eines beliebigen Punktes vom Kugelmittelpunkte, h die Höhe des zugehörigen Standrohrspiegels über letzterem, h_r das h des Brunnenspiegels und H das h des Ruhespiegels oder der unendlichen fernen Punkte, so gilt für die Filtergeschwindigkeit an beliebiger Stelle offenbar

$$(31) \qquad u_f = \frac{Q}{2\pi R^2}, \quad \text{auch} \quad = k\frac{dh}{dR},$$

wonach
$$dh = \frac{Q\, dR}{2\pi k\, R^2}$$

(31a) oder
$$h = -\frac{Q}{2\pi k}\frac{1}{R} + \text{konst}$$

ist. Für den Schacht selbst bzw. für das unendlich ferne Gebiet geht (31a) in

$$h_r = -\frac{Q}{2\pi k}\frac{1}{r} + \text{konst} \quad \text{bzw.} \quad H = \text{konst}$$

über und so findet sich

$$(31\,\text{b}) \qquad H - h_r = \frac{Q}{2\pi k r},$$

worin $H - h_r$ den Höhenunterschied zwischen dem Ruhespiegel und dem Betriebsspiegel im Brunnen vorstellt.

Ist die Brunnensohle flach, statt nach einer Halbkugel ausgehöhlt, so steigt der Widerstand gegen die Zuströmung. Es läßt sich zeigen, daß dann

$$(31\,\text{c}) \qquad H - h_r = \frac{Q}{4 k r}$$

wird. Wenn zwar eine dichte Schachtwandung, aber keine dichte Erddecke vorhanden ist, so ist der Zudrang etwas leichter als für den Fall, auf den sich die Formel (31a) bezieht und daher bei gleicher Entnahme Q die Senkung $H - h_r$ etwas kleiner als nach dieser Formel.

Findet die Einströmung in einen Rohrbrunnen vom Halbmesser r statt, dessen Wandung längs der Höhe t einen Filter bildet, nämlich gelocht oder mit Schlitzen versehen ist, so führt eine Näherungsrechnung auf die Beziehung

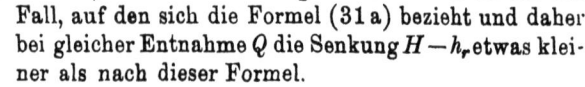
Abb. 46.

$$(31\,\text{d}) \qquad H - h_r = \frac{Q}{2\pi k t} \log \text{nat}\, \frac{\pi t}{2r}.$$

Findet die Strömung in lotrechten parallelen Ebenen, und zwar in allen diesen Ebenen in gleicher Weise statt, bezeichnet x die wagrechten, z die lotrechten Koordinaten und h die zugehörigen Höhen der Standrohrspiegel, so gilt, wie sich beweisen läßt, die Differentialgleichung

Sohleneinströmung. Spundwand. Auftrieb

(32) $$\frac{\delta^2 h}{\delta x^2} + \frac{\delta^2 h}{\delta z^2} = 0,$$

welche mannigfache Anwendungen zuläßt.

Auf Grund von (32) wies *Ph. Forchheimer* (1917) nach, daß, wenn ein Fluß seine Sohle in Boden von der Durchlässigkeit k in der Höhe f_φ über einer wagrechten undurchlässigen Schicht besitzt, und wenn eine Spundwand bis zur Höhe f über derselben Schicht hinabreicht, durch eine zwischen Flußsohle und Spundwandschneide h_φ betragende Senkung des Standrohrspiegels pro Breiteneinheit des Flußbettes eine Sickerung q verursacht wird. Hierbei hat q die Dimension Raumeinheiten pro Breiteneinheit und Zeiteinheit oder Flächeneinheiten pro Zeiteinheit und gelten folgende Zahlen:

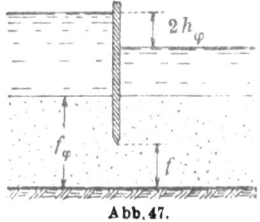

Abb. 47.

Verhältnis $f:f_\varphi$=0,1 0,2 0,3 0,4 0,5 0,6 0,7 0,8 0,9 1,0
„ $kh_\varphi:q$=2,06 1,62 1,35 1,16 1,00 0,86 0,74 0,62 0,49 0

Beispiele. 1. Durch einen breiten Fluß, der seine Sohle in einer 12 m mächtigen, auf dichtem Ton aufgelagerten Kiesschicht von der Durchlässigkeit $k=0,005$ cm sec^{-1} hat, werde eine Spundwand eingeschlagen, die 3 m Höhe für die Durchquellung freiläßt und im Fluß zwischen Unter- und Oberwasser einen Stau von $2h_\varphi = 1,8$ m erzeugt. Wie groß ist die Sickerung? — Es ist $f:f_\varphi = 3:12 = 0,25$, daher $kh_\varphi : q =$ ungefähr 1,49 m und $q = \frac{1}{1,49} kh_\varphi = \frac{0,005 \cdot 0,9}{1,49} = 0,0030$ cm^2 sec$^{-1} =$
$= 0,00000030$ m^2 sec$^{-1} = 0,026$ m^3 pro m Flußbreite in 24 Stunden.

2. Wie groß ist bei beigezeichnetem Wehr der auf dessen Unterfläche wirkende, aufwärts gerichtete Wasserdruck? — Der Auftrieb ist bekannt, sobald man weiß, bis zu welcher Höhe das Wasser in Standröhren steigen würde, die den Wehrkörper durchsetzen. Der Standrohrspiegel fällt vor dem Wehr mit dem Oberwasserspiegel zusammen, bildet an der oberen Spundwand eine Stufe von der Höhe h_1, sinkt längs des Wehres um die Gefällshöhe h, bildet an der unteren Spundwand eine Stufe von der Höhe h_2 und stimmt von hier stromab mit dem Unterwasserspiegel überein. An den Spundwänden ist $f:f_\varphi = 0,7$ bzw.

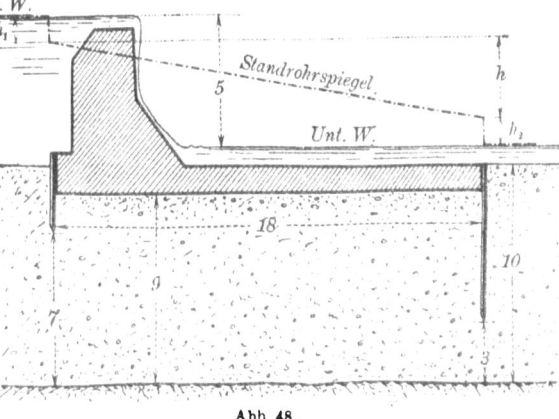

Abb. 48.

$= 0{,}3$; bei einer Durchquellung q ist daher $kh_1 : q = 0{,}74$ und $kh_2 : q = 1{,}35$. Der Grundwasserstrom unter dem Wehr ist 18 m lang, zunächst 7 m, dann 9 m und schließlich 3 m hoch, so daß seine mittlere Höhe auf 7 m geschätzt werden kann. Die Druckhöhenabnahme beträgt daher $h = \dfrac{18}{7} \dfrac{q}{k} = 2{,}57 \dfrac{q}{k}$. Man hat also $5 = \dfrac{q}{k}(0{,}74 + 2{,}57 + 1{,}35) = 4{,}66 \dfrac{q}{k}$ oder $\dfrac{q}{k} = 1{,}07$ und $h_1 = 1{,}07 \cdot 0{,}74 = 0{,}79$ m, $h = 1{,}07 \cdot 2{,}57 = 2{,}76$ m, $h_2 = 1{,}07 \cdot 1{,}35 = 1{,}45$ m.

7. Artesische Brunnen.

Als artesischen Brunnen bezeichnet man ein Bohrloch, das eine Deckschicht durchdringt, unter welcher Wassser unter solchem Druck steht, daß es durch das Bohrloch über die Erdoberfläche tritt. Führt man das Steigerohr bis zu jener Höhe empor, bis zu welcher das artesische Wasser überhaupt steigen kann, so kommt das obere Rohrende in den Ruhespiegel zu liegen. Schneidet man das Rohr eine Strecke z tiefer ab, so muß Ausfluß erfolgen, und zwar müssen, sofern die Reibungen den Geschwindigkeiten proportional bleiben, die Ergiebigkeiten Q bei der Wahl verschiedener z diesen z proportional sein. Denkt man sich also von jedem Steigerohrende das zugehörige Q wagrecht aufgetragen, so erhält man eine gerade Linie. Kommen jedoch Druckhöhenverluste vor, die stärker wachsen als die Geschwindigkeiten, so führt das gleiche Verfahren auf eine ihre Hohlseite dem Rohr zukehrende Kurve.

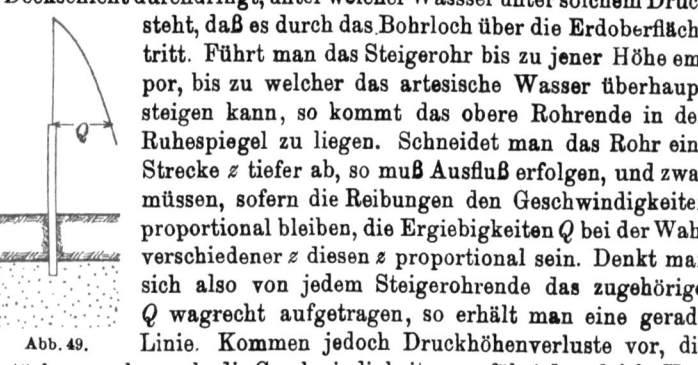

Abb. 49.

IV. Wirbelnde Strömung in Röhren.

1. Die kritische Geschwindigkeit. Das allgemeine Ähnlichkeitsgesetz.

Wenn die Strömung in einem Hohlraum eine gewisse Geschwindigkeit erreicht, hört sie auf, in geordneten Schichten zu erfolgen. Die maßgebenden Untersuchungen sind *O. Reynolds* (in Manchester 1883—1894) zu verdanken. Er ließ u. a. durch ein Glasrohr Wasser fließen und führte in die Mitte gefärbte Flüssigkeiten ein. Bei Ruhe im Speisegefäß und langsamer Bewegung zeigte sich ein farbiger Faden vom klaren Wasser umgeben. Wenn aber die Geschwindigkeit die „kritische" Grenze überschritt, erschien die ganze Flüssigkeit dunkel, was, wie eine Beleuchtung durch elektrische Funken zu erkennen gab, daher kam, daß nunmehr die Strömung in Wirbeln erfolgte, welche den Rauchwirbeln in der Luft glichen. Für die Geschwindigkeit U_{krit}, unterhalb welcher die Bewegung in einer Röhre mit Sicher-

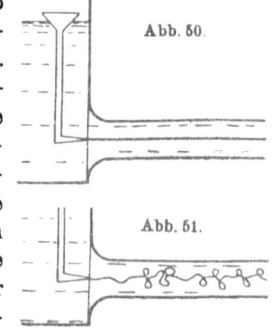

Abb. 50.

Abb. 51.

heit geschichtet vor sich geht, gilt eine aus dem von Reynolds bewiesenen allgemeinen Ähnlichkeitsgesetz entspringende Formel. Zunächst soll also hier dieses Gesetz abgeleitet werden.

Betrachtet werden die auf ein flüssiges Element $dx\,dy\,dz$ wirkenden **Kräfte**. In der x-Richtung sind es die nachstehenden: 1. die auf den beiden Flächen $dy\,dz$ herrschenden Drucke, deren Unterschied $\gamma \dfrac{dh}{dx} dx \cdot dy\,dz$ beträgt, worin h die Druckhöhe bezeichnet; 2. die Trägheit (nach dem d'Alembertschen Prinzip) $\dfrac{\gamma}{g} dx\,dy\,dz \cdot \dfrac{\partial u}{\partial t} = \dfrac{\gamma}{g} \dfrac{\partial u}{\partial x} \dfrac{\partial x}{\partial t} dx\,dy\,dz = \dfrac{\gamma}{g} \dfrac{\partial u}{\partial x} u\,dx\,dy\,dz$; 3. die an den beiden Flächenpaaren $dx\,dy$ und $dx\,dz$ auftretenden Reibungen mit dem Unterschiede $\eta \dfrac{\partial^2 u}{\partial z^2} dz \cdot dx\,dy$ für das eine und $\eta \dfrac{\partial^2 u}{\partial y^2} dy \cdot dx\,dz$ für das andere Flächenpaar; 4. die Schwere, welche bei einem Neigungswinkel α der x-Richtung $= \gamma \sin\alpha\, dx\,dy\,dz$ ist. Entsprechende Kräfte und Kräfteunterschiede bestehen in der y- und in der z-Richtung. Wird jetzt vom betrachteten Körper ein ihm ähnliches Modell gemacht, so stellen auch alle Bewegungen in letzterem ähnliche Bilder der in ersterem stattfindenden Bewegungen dar, wenn die Kraftverhältnisse in Urbild und Abbild die nämlichen sind oder wenn die Verhältnisse der auf die Volumeinheit des Elements $dx\,dy\,dz$ wirkenden Kräfte

$$\gamma \frac{\partial h}{\partial x} : \frac{\gamma}{g} u \frac{\partial u}{\partial x} : \eta \frac{\partial^2 u}{\partial z^2} : \eta \frac{\partial^2 u}{\partial y^2} : \gamma \sin\alpha$$

ungeändert bleiben. Die Ähnlichkeit verlangt ferner, daß nicht nur die Differentiale, sondern auch die Größen selbst und zwar in beliebiger Richtung ihr gegenseitiges Verhältnis behalten. Bezeichnet man also mit l die Länge und mit v die Geschwindigkeit im allgemeinen, bedenkt man, daß u, du und d^2u dieselbe Dimension haben, während dz^2 und dy^2 Längenquadrate vorstellen, und unterscheidet man Urbild und Abbild durch die Kennziffern 1 und 2, so erkennt man, daß die vollkommene Ähnlichkeit nur dann besteht, wenn alle obigen Ausdrücke bei Übergang vom Urbild zum Abbild in gleichem Verhältnis abnehmen, oder

(33) $\qquad \dfrac{\gamma_1 h_1}{l_1} : \dfrac{\gamma_2 h_2}{l_2} = \dfrac{\gamma_1 v_1^2}{g_1 l_1} : \dfrac{\gamma_2 v_2^2}{g_2 l_2} = \dfrac{\eta_1 v_1}{l_1^2} : \dfrac{\eta_2 v_2}{l_2^2} = \gamma_1 : \gamma_2$

zutrifft, worin auf der Erde g als konstant gelten kann. In ihrer Gesamtheit sind diese Forderungen praktisch im allgemeinen kaum zu erfüllen, sie lassen sich aber unter Umständen einschränken.

Das ist in geschlossenen Leitungen, wenn die Wandbeschaffenheit außer Acht bleiben kann, der Fall, weil in ihnen unter starkem und schwachem Druck die Strömungen in gleicher Weise vor sich gehen und das Gewicht einer eingeschlossenen Wasserscheibe durch die Gegendruckunterschiede der Wandungsteile aufgehoben wird. So entfällt die unter 4. angeführte Wirkung der Schwere, und genügt es, daß

(33a) $$\frac{\gamma_1 h_1 l_2}{\gamma_2 h_2 l_1} = \frac{\gamma_1 v_1^2 g_2 l_2}{\gamma_2 v_2^2 g_1 l_1} = \frac{\eta_1 v_1 l_2^2}{\eta_2 v_2 l_1^2}$$

oder, nach den letzten beiden Gliedern, daß

(33b) $$\frac{\gamma_1 l_1 v_1}{g_1 \eta_1} = \frac{\gamma_2 l_2 v_2}{g_2 \eta_2}$$

sei. Man pflegt zur Vereinfachung der Formeln die kinematische Zähigkeit einzuführen oder $\frac{\eta}{\gamma : g} = \frac{g\eta}{\gamma} = \nu$ zu setzen, womit Gl. (33b) sich zu

(33c) $$\frac{l v_1}{\nu_1} = \frac{l_2 v_2}{\nu_2}$$

vereinfacht. Wird als Bezugslänge l der Rohrdurchmesser D und als Geschwindigkeit v die kritische U_{krit} gewählt, so muß hiernach die sogenannte Reynoldssche Zahl, d. i. die unbenannte Zahl

(33d) $$\Re = \frac{\gamma D U}{g \eta} = \frac{D U}{\nu}$$

für den kritischen Zustand für alle Flüssigkeiten denselben Wert aufweisen oder mit der gleichen Konstanten

(33e) $$U_{krit} = \text{konst.} \frac{g \eta}{\gamma D} = \text{konst.} \frac{\nu}{D}$$

sein. In der Tat hat sich für Wasser der Änderung der Zähigkeit η mit der Temperatur entsprechend

(33f) $$U_{krit} = \frac{1}{278} \frac{1}{1 + 0,0337 T + 0,00022 T^2} \frac{1}{D}$$

gezeigt, wobei T in ^{0}C, U_{krit} in msec^{-1}, D in m ausgedrückt ist. Für U_{krit} in cmsek^{-1} und D in cm ändert sich der Ausdruck (33e) in

(33g) $$U_{krit} = \frac{36}{1 + 0,0337 T + 0,00022 T^2} \frac{1}{D}.$$

Bei rascherer Strömung kann diese sowohl *geschichtet* als *wirbelnd* (turbulent) erfolgen, so daß, wie *R. Brabbée* in Berlin 1913 nachgewiesen hat, für sie entweder die Poiseuillesche Formel (22c) oder die Gesetze der wirbelnden Bewegung Geltung haben können, bis schließlich, wenn die Geschwindigkeit 6 oder 6 $^1/_2$ mal U_{krit} geworden ist, sich keine Schichtung mehr ausbildet.

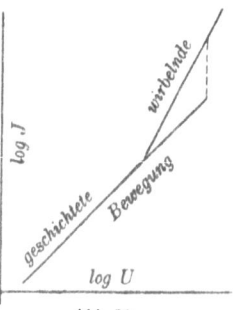

Abb. 52.

Beispiel. Kann die in einem vorhergehenden

Beispiele berechnete Strömung durch eine 0,25 cm weite Röhre mit 401 cm sec^{-1} Geschwindigkeit bei 10° C geschichtet erfolgen? — Die Formel (33g) ergibt $U_{krit} = \frac{36}{1,36} \frac{1}{0,25} = 106$ cm sec^{-1}. Da das berechnete U nur etwa 4 mal so groß wie U_{krit} war, konnte die Bewegung in Schichten vor sich gehen.

2. Mehrgliederige Ausdrücke für den Druckhöhenverlust.

Obwohl schon zu Anfang des 18. Jahrhunderts Untersuchungen über den Ausfluß durch Röhren vorgenommen wurden, wurde die erste brauchbare Formel erst im Jahre 1804, und zwar von *R. de Prony* gegeben. Dieser setzte

(34) $$DJ = 0,00006933\,U + 0,00139304\,U^2;$$

hierin bedeutet D den *Rohrdurchmesser* in m, J das *Gefälle*, U die *Geschwindigkeit* in m sec^{-1}, welche *Bezeichnungsweise auch im folgenden beibehalten werden soll*. Als Gefälle ist, wenn die Strömung zwischen zwei Gefäßen erfolgt, das Verhältnis des Höhenunterschiedes der Gefäßspiegel zu der Rohrlänge anzusehen. Wie bei den bisher betrachteten Vorgängen kommt es eben bei der Strömung durch

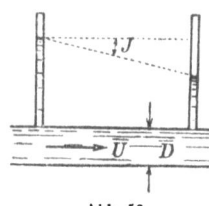

Abb. 53.

weite Röhren nicht auf deren Höhenlage an sondern nur auf die der freien Spiegel. Betrachtet man nicht das ganze Rohr, sondern nur eine Teilstrecke, so kann man sich die freien Spiegel durch Aufstellung von Standröhren erzeugen. Die Höhe eines Standrohrspiegels über dem Rohr ist dann zugleich die an der betreffenden Rohrstelle herrschende *Druckhöhe*. Wäre das Wasser in Ruhe, so würden alle Standrohrspiegel in *eine* Höhe, die des *Ruhespiegels*, einspielen und die Tiefenlagen des Rohres unter ihm zugleich die Druckhöhen sein; wenn das Wasser dann in Strömung geriete, so sänken die Standrohrspiegel, und zwar um so mehr, je weiter vom Strömungsursprung sie sich befänden. Diese Druckhöhen gehen infolge der Reibung verloren, so daß man den Höhenunterschied der Standrohrspiegel des Anfangspunktes und des Endpunktes einer Strecke als deren *Druckhöhenverlust* bezeichnet. Die tatsächliche Errichtung von Standröhren hätte in den meisten Fällen ihre Schwierigkeit; leichter ist es, die Anbringung von Druckmessern (Manometern) zu ermöglichen, um dann aus ihren Angaben die Druckhöhenverluste zu bestimmen.

Die Formel de Pronys blieb in Frankreich lange in Benutzung, während in Deutschland, auch in England und Amerika, seinerzeit *J. Weisbachs* Aufstellung

(34 a) $$DJ = \frac{U^2}{2g}\left(0,01439 + \frac{0,0094711}{\sqrt{U}}\right) \quad \text{beliebt war.}$$

Die Bauweise der Gl. (34) und (34a) erklärt sich aus der Anschauung, die bei Betrachtung der Wasserläufe mit freiem Spiegel gewonnen wurde. Bezüglich ihrer sei daher auf später kommende Erläuterungen hingewiesen und hier nur bemerkt, daß das Verhältnis $\frac{\text{Querschnitt}}{\text{benetzter Umfang}}$, welchem, wie wir sehen werden, eine besondere Bedeutung zukommt, bei Röhren $= \frac{\frac{1}{4}\pi D^2}{\pi D} = \frac{1}{4}D$ ist.

Die älteren Hydrotechniker nahmen an, daß die Beschaffenheit der Rohrwandung ohne merkbaren Einfluß auf die Strömung sei. Sie hielten es nur für wahrscheinlich, daß an der Wandung eine Wasserschicht hafte, welche den durchflossenen Querschnitt kaum merkbar verkleinere. Es blieb *H. Darcy* vorbehalten, das Gegenteil durch sorgfältige Versuche nachzuweisen. Für Rohrleitungen, die *in Benutzung* stehen, setzte er

$$(35) \quad \frac{DJ}{4} = \left(b_1 + \frac{b_2}{D}\right) U^2 = \left(0{,}00507 + \frac{0{,}0001294}{D}\right) U^2.$$

Darcy ließ also den Koeffizienten von U^2 nur vom Durchmesser abhängen, was auch nach damaliger Ansicht nicht ganz der Wahrheit entsprach, aber die Berechnung einer Leitung wesentlich erleichtert. Weil nun im allgemeinen bei praktischen Aufgaben nicht U, sondern der Durchfluß Q vorgeschrieben ist, hat Darcy noch durch Q (in m³sec⁻¹) folgende Größen ausgedrückt:

$$(35\,\text{a}) \quad \begin{cases} U = \dfrac{Q}{\frac{1}{4}\pi D^2} = K'' Q \\[1ex] J = \dfrac{64\left(b_1 + \dfrac{b_2}{D}\right)}{\pi^2 D^5} Q^2 = K Q^2 \\[1ex] \dfrac{U^2}{2g} = \dfrac{1}{2g}\dfrac{16}{\pi^2 D^4} Q^2 = K' Q^2. \end{cases}$$

Da K, K' und K'' in den Ausdrücken (35a) nur von D abhängen, konnten sie in eine einzige nach D geordnete Zahlentafel vereinigt werden, die für die Berechnung von Rohrsträngen recht praktisch ist. Sie wird dem Anhang eingefügt werden.

Beispiel. Es ist der Durchmesser einer Leitung von 2400 m Länge zu berechnen, die imstande sein muß, 0,12 m³ sec⁻¹ bei einem gesamten Druckhöhenverlust von 4,3 m zu befördern. — Wir haben $J = 4{,}3 : 2400 = 0{,}00179$, ferner $K = J : Q^2 = 0{,}00179 : 0{,}0144 = 0{,}124$, daher nach der Zahlentafel $D = 0{,}49$ m. Da Rohre von dieser Weite nicht Handelsware sind, wird man statt dessen solche von 0,50 m Durchmesser beschaffen.

In *neuen* Leitungen ist nach *Darcy* der Druckhöhenverlust nur halb so groß wie in gebrauchten. Da nach (35a) bei gegebenem Gefälle Q ungefähr $D^{5/2}$ proportional ist, gelangt man bei neuen und alten Röhren zu nicht sehr verschiedenen Rohrweiten.

Beispiel. Mit den Daten des vorhergehenden Beispieles hat man für neue Rohre $K = 0{,}248$ doppelt so groß wie vorher, wonach D von den früheren 0,49 m sich nur auf 0,43 m vermindert.

Eine Vorschrift von *P. Dupuit*, von welcher er wollte, daß sie gestatte, bei Berechnung der üblichen Leitungen die Krümmer, Formstücke usw. nicht zu beachten, läßt sich zu folgender Tabelle erweitern:

$$(36)\begin{cases} Q = 20\sqrt{D^5 J} & = 0{,}785\, D^2 U = 0{,}00000187\, \dfrac{U^5}{J^2} \\ D = 0{,}302\, \sqrt[5]{\dfrac{Q^2}{J}} & = 0{,}00154\, \dfrac{U^2}{J} = 1{,}128\, \sqrt{\dfrac{Q}{U}} \\ J = 0{,}0025\, \dfrac{Q^2}{D^5} & = 0{,}00154\, \dfrac{U^2}{D} = 0{,}00137\, \sqrt[5]{\dfrac{U^5}{Q}} \\ U = 25{,}5\, \sqrt{DJ} & = 1{,}27\, \dfrac{Q}{D^2} = 14{,}0\, \sqrt[5]{Q J^2} \end{cases}$$

H. Lang fußt in einer Tabelle der „Hütte", welche den Zusammenhang zwischen J, U und D angibt, auf der Formel

$$(37)\quad DJ = \dfrac{U^2}{2g}\left(0{,}02 + \dfrac{0{,}0018}{\sqrt{UD}}\right) = \text{ungefähr } U^2\left(0{,}001 + \dfrac{0{,}0001}{\sqrt{UD}}\right),$$

welche er auf Grund „aller bis 1913 veröffentlichten und etwa 300 eigener Versuche" empfiehlt. Er rät, den berechneten D in den meisten Fällen 20 mm zuzuschlagen, um Veränderungen der inneren Rohrwandung Rechnung zu tragen. Für glatte Rohre, insbesondere solche aus Metall oder Glas, gibt er dagegen kleinere Gefälle an.

In Schläuchen liegt *de Chézy's* Zahl c zwischen 43 und 69 $\text{m}^{1/2}\,\text{sec}^{-1}$ (vgl. S. 46 § V.1).

3. Exponentialausdrücke und weitere Formeln.

Die bisher angeführten Formeln gehen vom Grundgedanken aus, daß die Wandreibung als Widerstand gegen Stöße aufzufassen und daher der lebendigen Kraft oder U^2 proportional sei. Ursachen geringerer Bedeutung brächten dann Veränderungen der Größe hervor, mit der man U^2 zu multiplizieren hat, um den Druckhöhenverlust J zu erhalten, für den sich auf diese Weise mehrgliedrige Ausdrücke ergeben. Demgegenüber haben bereits zu Ende des 18. Jahrhunderts *Woltmann* und später *Eytelwein* versucht, eine etwas niedrigere Potenz von U einzuführen und dadurch eingliedrige Ausdrücke von der Form

$$(38)\qquad J = a\, \dfrac{U^m}{D^n},$$

worin a, m und n konstant sind, zu erzielen. Daß diese Beziehung tatsächlich zutrifft, hat erst viel später — 1883 — *Reynolds* nachgewiesen. Trägt man für eine Leitung die Logarithmen verschiedener zueinander gehörender Werte von U und J als Abszissen und Ordinaten auf, so müssen die Ordinaten-Endpunkte, wenn (38) richtig ist, auf einer Geraden liegen. Sowohl bei Auftragung eigener Versuche als auch solcher von Darcy hat Reynolds nun wirklich gerade Linien bekommen, und zwar für

Glasrohr	Durch Lötung verbundenes Bleirohr	Asphaltierte Schweißeisenrohre	Neue Gußeisenrohre	Rohre mit Sinter	Wieder gereinigte Rohre
$m = 1{,}79$	1,79	1,82	1,88	2,0	1,91

Den Exponenten n glaubte er stets $= 3 - m$, was jedoch (nach Brabbée's Versuchen) zweifelhaft erscheint.

Im Sinne Reynolds gelangte A. *Flamant* (in Paris) durch Nachrechnung der Angaben zahlreicher Forscher (er führt ihrer 21 an) zu den Beziehungen

$$(39) \quad U = \lambda D^{5/7} J^{4/7},\; D^{5/4} J = a_1 U^{7/4},\; Q = a_2 D^{19/7} J^{4/7},\; D J^{4/19} = a_3 Q^{7/19}$$

mit folgenden Beiwerten:

	Blei-, Glas- und Weißblechröhren		Neue Gußröhren	Gebrauchte Röhren
$\lambda =$	75,3	bis 68,1	61,5	54,3
$a_1 =$	0,00052	„ 0,00062	0,00074	0,00092
$a_2 =$	59,1	„ 53,5	48,3	42,7
$a_3 =$	0,223	„ 0,231	0,240	0,251

(39a)

Später hat K. *Brabbée* im Hinblick auf Warmwasserheizungen mit Verbandsmuffenrohren von 14 bis 49 mm Lichtweite sowie mit Siederohren von 57 bis 131 mm Lichtweite Versuche durchgeführt und bei 13 bis 15° C

$$(40) \quad J = 0{,}000446 \frac{U^{1,781}}{D^{1,298}} \text{ bzw. } = 0{,}000380 \frac{U^{1,80}}{D^{1,41}}$$

gefunden. Bei steigender Temperatur ändern sich die Exponenten, so daß z. B. bei 70° C. für die beiden Rohrgattungen

$$(40\text{a}) \quad J = 0{,}000427 \frac{U^{1,84}}{D^{1,26}} \text{ bzw. } = 0{,}000382 \frac{U^{1,86}}{D^{1,37}} \quad \text{wird.}$$

Dann hat B. *Biegeleisen* in Lemberg im Verein mit R. *Bukowsky* für neue bzw. alte Gußrohre

$$(40\text{b}) \quad J = 0{,}0012 \text{ bzw. } = 0{,}002567 \frac{U^{1,9}}{D^{1,1}} \quad \text{gesetzt.}$$

Endlich gelangte J. *Kozeny* auf Grund theoretischer Erwägungen für Eisenröhren von mehr als 0,3 m Weite für Geschwindigkeiten über 0,5 m sec^{-1} zur Formel

$$(40\text{c}) \quad U = 65 \left[1 - 2\sqrt{J} + \frac{\sqrt{DJ}}{2}\right] \frac{\sqrt{DJ}}{2}.$$

Für Holzröhren (Daubenröhren) faßte *F. Scobey* das Ergebnis von 28 Versuchsreihen in der Formel

(40d) $\quad U = 49{,}7\, D^{0{,}65} J^{0{,}556} \quad$ oder $\quad J = 0{,}000886\, \dfrac{U^{1{,}8}}{D^{1{,}17}}$

zusammen. Für Betonröhren setzt Scobey

(40e) $\quad\quad\quad\quad\quad U = \lambda D^{0{,}625} J^{0{,}5},$

worin λ für alte, mit wenig Sorgfalt aus Einzelröhren zusammengesetzte Stränge $= 26$, für einige Jahre in Betrieb stehende aus Einzelröhren zusammengesetzte Stränge $= 30$, für monolithisch über geölte Eisenformen gestampfte Stränge $= 33$, für monolithische, geschliffene Stränge größtmöglicher Glätte $= 35{,}4$ sei. In der Formel

(40f) $\quad\quad\quad\quad\quad U = \lambda D^{0{,}7} J^{0{,}5}$

würde statt dessen λ etwa $= 28,\ 31,\ 33$ und 37 zu setzen sein.

Wir haben nun für die Strömung in Rohren eine größere Zahl zum Teil nicht unerheblich voneinander abweichende Formeln erhalten, von denen die von *Flamant* und späteren Forschern aufgestellten als die zutreffendsten erscheinen. Das will aber nicht sagen, daß die nach ihnen berechneten Rohrweiten ohne weiteres anzuwenden sind, da man in den meisten Fällen bei Versorgungen auf nachträgliche Absätze, insbesondere bei den leicht verstopfbaren engen Strängen Rücksicht nehmen muß. Diese Erwägung und die der Zweckmäßigkeit von Zahlentafeln, welche für die im Handel üblichen Rohrweiten D unmittelbar den Zusammenhang des Durchflusses Q mit dem Gefälle J angeben, können zu recht verschiedenen Formeln führen. So griff z. B. die Praxis aus sich heraus zu der ursprünglich für offene Läufe aufgestellten von *W. Kutter*. Diese lautet für:

neue Rohre $\quad\quad\quad$ alte Rohre

(41) $\quad U = \dfrac{100\, D}{0{,}3 + \sqrt{D}} \dfrac{\sqrt{J}}{2}, \quad\quad U = \dfrac{100\, D}{0{,}7 + \sqrt{D}} \dfrac{\sqrt{J}}{2},$

(41a) $\quad Q = \dfrac{39{,}3\, D^3}{0{,}3 + \sqrt{D}} \sqrt{J}, \quad\quad Q = \dfrac{39{,}3\, D^3}{0{,}7 + \sqrt{D}} \sqrt{J},$

(41b) $\quad \sqrt{J} = 0{,}0255\, \dfrac{0{,}3 + \sqrt{D}}{D^3}\, Q, \quad \sqrt{J} = 0{,}0255\, \dfrac{0{,}7 + \sqrt{D}}{D^3}\, Q,$

Unratskanäle

(41) $\quad U = \dfrac{100\, D}{0{,}55 + \sqrt{D}} \dfrac{\sqrt{J}}{2}$ bis $\dfrac{100\, D}{0{,}9 + \sqrt{D}} \dfrac{\sqrt{J}}{2},$

IV. Wirbelnde Strömung in Röhren

(41 a) $$Q = \frac{39,3\,D^3}{0,55 + \sqrt{D}}\sqrt{J} \text{ bis } \frac{39,3\,D^3}{0,9 + \sqrt{D}}\sqrt{J},$$

(41 b) $\sqrt{J} = 0,0255\dfrac{0,55 + \sqrt{D}}{D^3}Q$ bis $0,0255\dfrac{0,9 + \sqrt{D}}{D^3}Q$.

Sie ermöglicht die rasche Ausrechnung des Durchflusses Q in m³ sec⁻¹, wenn das Gefälle J, sowie des letzteren, wenn Q gegeben ist, mit Hilfe der nachfolgenden Zahlentafel, welche sich auf Strömung in den Rohren üblicher Weite bezieht.

D in m	0,03	0,04	0,05	0,06	0,07	0,08
$39,3\,D^3 : (0,7 + \sqrt{D}) =$	0,00121	0,00279	0,00531	0,00896	0,0139	0,0204
$0,0255(0,7 + \sqrt{D}) : D^3 =$	824	359	188	112	71,7	49,0
D in m	0,09	0,10	0,125	0,150	0,175	0,200
$39,3\,D^3 : (0,7 + \sqrt{D}) =$	0,0286	0,0386	0,0727	0,122	0,188	0,274
$0,0255(0,7 + \sqrt{D}) : D^3 =$	35,0	25,9	13,8	8,22	5,32	3,66
D in m	0,225	0,250	0,275	0,300	0,325	0,350
$39,3\,D^3 : (0,7 + \sqrt{D}) =$	0,380	0,511	0,666	0,849	1,06	1,30
$0,0255(0,7 + \sqrt{D}) : D^3 =$	2,63	1,96	1,50	1,18	0,943	0,768
D in m	0,375	0,400	0,425	0,450	0,475	0,500
$39,3\,D^3 : (0,7 + \sqrt{D}) =$	1,57	1,88	2,23	2,59	3,03	3,48
$0,0255(0,7 + \sqrt{D}) : D^3 =$	0,635	0,531	0,449	0,386	0,331	0,287
D in m	0,550	0,600	0,650	0,700	0,750	0,800
$39,3\,D^3 : (0,7 + \sqrt{D}) =$	4,53	5,72	7,15	8,75	10,6	12,6
$0,0255(0,7 + \sqrt{D}) : D^3 =$	0,221	0,175	0,140	0,114	0,0947	0,0794
D in m	0,900	1,000	1,100	1,200	1,300	
$39,3\,D^3 : (0,7 + \sqrt{D}) =$	17,3	23,1	29,8	37,7	46,9	
$0,0255(0,7 + \sqrt{D}) : D^3 =$	0,0577	0,0434	0,0335	0,0265	0,0168	

Wendet man keine Formel wie die Kutters, sondern eine theoretisch richtige an, so ist man genötigt, den aus der Tabelle entnommenen Durchmesser D nachträglich um ein bestimmtes Maß — nach *Lang* im allgemeinen etwa 20 mm — zu vergrößern oder, wenn man annimmt, daß sich D später zu D_1 verringern wird, das Gefälle J im Verhältnis $(D:D_1)^5$ zu erhöhen, oder endlich den Durchfluß größer als verlangt anzusetzen, ihn z. B. nach *Scobey* bei Holzröhren, je nachdem Ablagerungen und Algenansatz mehr oder weniger zu befürchten sind, um 5 bis 15 v. H. zu steigern.

Einen Überblick, wieweit die Ergebnisse einiger der angeführten Gleichungen voneinander abweichen, kann nachstehende Zusammenstellung gewähren, in welcher die sekundlichen Durchflußmengen in Litern für bestimmte Gefälle eingetragen sind.

Kutters Formel. Vergleichstafel. Beispiel

Gefälle J ‰	Dmr. D m	Weisb.	Neue Leitung			Dauerbetrieb			
			Lang	Darcy	Kutter	Darcy	Kutter	Dupuit	Biegeleisen
0,1	0,04	0,044	—	0,062	0,050	0,044	0,028	0,064	0,035
	0,1	0,48	0,52	0,70	0,64	0,49	0,39	0,63	0,37
	1	190	226	244	302	172	231	200	142
2,154	0,04	0,278	0,251	0,286	0,233	0,202	0,130	0,297	0,177
	0,1	2,96	2,93	3,23	2,96	2,28	1,79	2,93	1,88
	1	1080	1100	1130	1400	799	1070	928	716
46,42	0,04	1,59	1,39	1,33	1,08	0,94	0,60	1,38	0,89
	0,1	16,4	15,1	15,0	13,7	10,6	8,3	13,6	9,50
	1	5600	5200	5250	6510	2950	4980	4310	3604
1000	0,04	8,28	7,16	6,17	5,03	4,36	2,79	6,40	4,50
	0,1	83,7	74,1	69,6	63,7	49,2	38,6	63,2	47,8
	1	27500	24000	24400	30200	13700	23100	20000	18100

Beispiele. Eine von der Quellkammer A' ausgehende Leitung gabelt sich im Punkte B' in die Zweigstränge $B'E_1'$ und $B'E_2'$. Die Endpunkte E_1' und E_2' sollen sekundlich die Mengen Q_1 und Q_2 erhalten. Welche Durchmesser sind den Strängen zu geben? — Der Punkt A' liegt dem Sinne der Aufgabe nach am höchsten; dann mögen der Reihe nach die Punkte E_1', E_2' und B kommen. Die Höhenlage B' ist für die zu wählenden Rohrweiten bedeutungslos, wohl aber muß, wenn man sich ein Standrohr in B' errichtet denkt, dessen Spiegel tiefer als A' und höher als E_1' liegen;

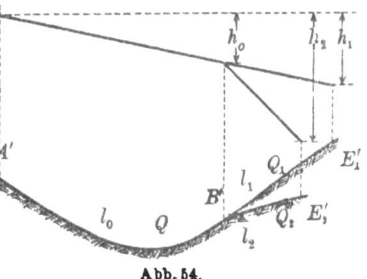

Abb. 54.

zwischen diesen Grenzlagen ist die Wahl frei. — Man wähle ihn etwa in der Verbindungsgeraden $A'E_1'$, das sei in der Tiefe h_0 unter de Quelle, und hat dann mit den Bezeichnungen der Figur für den

$$\text{Hauptstrang} \quad \text{Zweigstrang 1} \quad \text{Zweigstrang 2}$$
$$J_0 = \frac{h_0}{l_0} \quad \frac{h_1-h_0}{l_1} = \frac{h_0}{l_0} \quad J_2 = \frac{h_2-h_0}{l_2},$$
$$Q = Q_1 + Q_2 \quad Q_1 \quad Q_2$$

so daß die Durchmesser hiermit festgelegt sind. Mit $Q_1 = 0{,}004 \text{ m}^3 \text{sec}^{-1}$, $Q_2 = 0{,}002 \text{ m}^3 \text{sec}^{-1}$, $l_0 = 3600$ m, $l_1 = 2400$ m, $l_2 = 2200$ m, $h_1 = 15$ m, $h_2 = 20$ m findet sich beispielsweise $Q_0 = 0{,}006 \text{ m}^3 \text{sec}^{-1}$, $h_0 = 9{,}0$ m. $J_0 = J_1 = \frac{1}{400}$ und zeigt sich zunächst nach Kutters Gleichung für alte Rohre $D_0 = 0{,}150$. Genauer berechnet, verursacht die Anwendung dieses Durchmessers ein Gefälle $\sqrt{J_0} = 8{,}22 \cdot 0{,}006 = 0{,}04932$ oder ein Gefälle $J_0 = 0{,}00243$. Hiermit ergibt sich $h_0 = 3600 \cdot 0{,}00243 = 8{,}74$ m, $J_1 = \frac{6{,}26}{2400} = 0{,}00261$, $\sqrt{J_1} = 0{,}0511$, $J_2 = \frac{11{,}26}{2200} = 0{,}00512$, $\sqrt{J_2} = 0{,}0716$, also

$$\frac{\sqrt{J_1}}{Q_1} = 12{,}8, \quad \frac{\sqrt{J_2}}{Q_2} = 35{,}8$$ und schließlich $D_1 = 0{,}150$ m, $D_2 = 0{,}090$ m.

Eine Leitung von 1200 m Länge und 24 m Fallhöhe soll sekundlich 0,35 m³ führen; wie ist sie nach Kutter zu gestalten? — Es ist $J = 24:1200 = 0,02$, $\sqrt{J} = 0,1414$, $\sqrt{J}:Q = 0,404$, daher D zwischen $D_1 = 0,450$ und $D_2 = 0,425$ nötig. Man kann den Strang aus 2 Strecken zusammensetzen und hat $\sqrt{J_1} = 0,386 \cdot 0,35 = 0,1351$, $\sqrt{J_2} = 0,449 \cdot 0,35 = 0,1572$, also $J_1 = 0,1825$, $J_2 = 0,02471$, demnach die Ansätze $l_1 + l_2 = 1200$ und $0,01825\, l_1 + 0,02471\, l_2 = 24$ oder für die erste Strecke $D_1 = 0,450$ m, $l_1 = 875$ m und für die zweite Strecke $D_2 = 0,425$ m, $l_2 = 325$ m.

4. Ausdrücke für ganz glatte Röhren.

Ganz glatte Röhren verhalten sich etwas verschieden von den gewöhnlichen rauhen. Für erstere fand *H. Blasius*, heute in Hamburg, daß in beliebigen Flüssigkeiten, ja selbst in Gasen von der Zähigkeit η (in kgsec m^{-2}) und dem Eigengewichte γ (in kgm^{-3})

$$(42) \qquad J = 0,1582 \frac{\eta^{1/4} U^{7/4}}{g^{3/4} \gamma^{1/4} D^{5/4}}$$

sei, worin 0,1582 dimensionslos ist, und sich für Wasser von 15°C

$$(42\,\text{a}) \qquad J = 0,000528 \frac{U^{7/4}}{D^{5/4}}$$

ergibt. Da diese Formel nur bis zu höchstens einer *Reynolds*schen Zahl $\frac{\gamma D U}{g \eta} = \frac{D U}{\nu} = 100\,000$ zutrifft, ersetzte *J. Kozeny* den genannten Ausdruck durch den neuen

$$(42\,\text{b}) \qquad J = \left[0,54 \sqrt[3]{\frac{g\eta}{\gamma D U}} + 0,00648\right] \frac{U^2}{2 g D},$$

der bei tropfbaren Flüssigkeiten bis zur Versuchsgrenze von $\frac{\gamma D U}{g \eta} = 430\,000$ gilt. Hiernach findet sich für

J in ⁰/₀₀	0,1			2,154			46,42			1000		
D in m	0,04	0,59	1	0,04	0,1	1	0,04	0,1	1	0,04	0,1	1
nach Blasius l/sec	0,049	0,59	304	0,282	3,59	1750	1,62	19,6	10140	9,40	113,1	58600
nach Kozeny l/sec	0,047	0,57	286	0,275	3,33	1524	1,59	18,6	7800	8,9	100,6	39034

Hierzu sei noch bemerkt, daß nach Flamants Ausdruck bei neuen Gußrohren der Druckverlust 0,713 des nach Blasius bei glatten Rohren zu erwartenden wäre.

Beispiel. Da γ sich nur wenig ändert und bei einer Erwärmung des Wassers um 1°C nach Gl. (21) η auf nahezu $\frac{1}{1,034}$ seines früheren Wertes sinkt, steigt in diesem Falle bei ganz glatten Rohren nach Blasius der Durchfluß auf das 1,005 fache.

5. Eintrittswiderstand.

Für die Bestimmung der Rohrweite eines von einem Behälter ausgehenden Stranges genügt es häufig, nur die soeben behandelten Druckverluste in Rechnung zu ziehen. Bei rascherem Fließen aber muß man den Druckhöhenaufwand nicht außer acht lassen, durch den die im Behälter fast stillstehende Flüssigkeit in Bewegung ge-

Ausdrücke für ganz glatte Röhren. Eintrittswiderstand 45

bracht wird. Hierzu war bei einer vollkommenen Flüssigkeit gemäß Gl. (16 d) die Geschwindigkeitshöhe $\frac{U^2}{2g}$ erforderlich. Bei zähen Flüssigkeiten kann man noch berücksichtigen, daß die mittlere Geschwindigkeit U ungleich verteilt ist, also die einzelnen Wasserfäden verschiedene Geschwindigkeitshöhen benötigen. Da das Mittel der Summe der Quadrate mehrerer Zahlen größer als das Quadrat des Mittels dieser Zahlen ist, steigert sich der Druckhöhenaufwand und wird (bei „gut abgerundetem" Ansatz an den Behälter) ungefähr

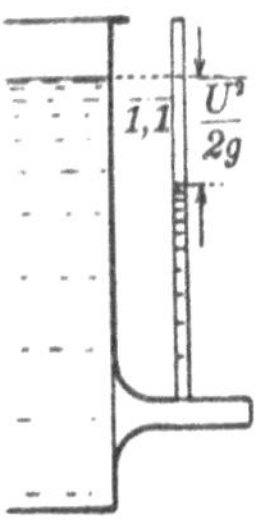

$$(43) \qquad 1{,}1 \frac{U^2}{2g}.$$

Abb. 55.

Er ist übrigens nicht als Verlust anzusehen, da er — oder wenigstens ein Teil von $\frac{U^2}{2g}$ — wieder in Druckhöhe verwandelbar erscheint. Darin unterscheidet er sich wesentlich von den Druckhöhen, die im Rohr durch die Reibung aufgezehrt werden, denn die für die Überwindung der Reibung verwendete Arbeit wird zur Wärme und setzt sich nicht wieder in Geschwindigkeit um.

Schließt das Rohr an den Behälter mit „scharfer Kante" oder, wie man häufig zu sagen pflegt, in „dünner Wand" an, so tritt das Wasser in konvergierenden Fäden ins Rohr, es findet also eine „Einschnürung" (Kontraktion) des Strahles statt, dessen Wiederausdehnung, wie Gl. (45a) zeigen wird, mit einem Druckhöhenverlust (dieses Mal einem wirklichen Verlust) $0{,}372 \frac{U^2}{2g}$ verbunden ist. Die ganze Spiegelsenkung am Rohreinlauf beträgt also

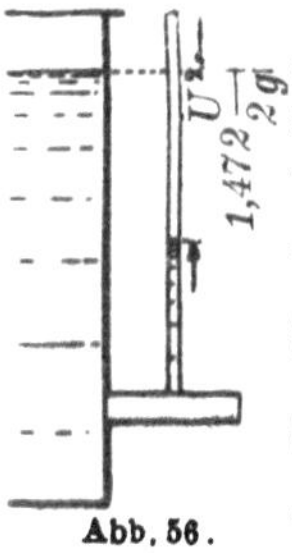

$$(43\,\text{a}) \qquad 1{,}1 \frac{U^2}{2g} + 0{,}372 \frac{U^2}{2g} = 1{,}472 \frac{U^2}{2g},$$

Abb. 56. wovon $0{,}472 \frac{U^2}{2g}$ als Verlust zu betrachten ist.

Im eingeschnürten Teil ist, wenn der Behälterspiegel in der Höhe h über der Öffnung liegt, die Geschwindigkeit größer als $\frac{U^2}{2g}$ und herrscht Unterdruck. *G. B. Venturi* hat letzteres nachgewiesen, indem er vom Abflußrohr ein Röhrchen abwärts führte und in Wasser tauchen ließ, welches darauf im Röhrchen ein beträchtliches Stück in die Höhe stieg. Auch, wenn unter einem wenig gehobenen Schieber das Wasser mit großer Geschwindigkeit aus der Druckseite eines Stranges in die druckschwache Strecke strömt, herrscht in dieser anstoßend am Schieber Unterdruck.

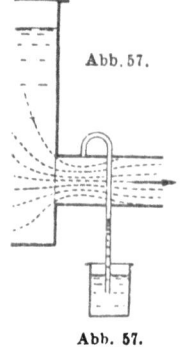

Abb. 57.

Abb. 57.

Wenn bei Vollauf des Rohres in einem in geringer Tiefe z unter dem Behälterspiegel gelegenen Punkte der Rohreintrittsöffnung die Geschwindigkeit u beträgt, so ist hier der hydrostatische Druck nur um $\gamma\left(z - \dfrac{u^2}{2g}\right)$ größer als der Außendruck der Luft. Sind also an der Eintrittsöffnung keine Vorkehrungen getroffen, welche den Luftzutritt hindern, so muß bei Steigerung der Entnahme, also auch Steigerung von u, sich die Strömungsweise ändern, sobald an einem Punkte $u = \sqrt{2gz}$ wird; das geschieht in der Weise, daß eine in das Rohr hinabreichende freie Oberfläche entsteht, unter der das Wasser wie in einem offenen Bett fließt. Für die Strömung in der voll gebliebenen Rohrstrecke ist dann nicht mehr der ursprüngliche Spiegel maßgebend, sondern die Stelle, wo die freie Oberfläche aufhört. Bezeichnet wie bisher U die mittlere Geschwindigkeit im Rohr, so ist in dessen Mitte $u =$ ungefähr $1{,}2\ U$ und an dessen Umfang $=$ ungefähr $0{,}6\ U$.

6. Rohrerweiterung und -verengung.

In einer Rohrleitung können außer dem Reibungswiderstand längs der laufenden Rohrleibung noch Einzelwiderstände durch besondere Formgebung verursacht werden. Als solche sei zunächst eine Stelle betrachtet, an der der Querschnitt F_1 *plötzlich* in den größeren Querschnitt F_2 übergeht. Sind U_1 und U_2 die zugehörigen Geschwindigkeiten, so muß

(44) $$F_1 U_1 = F_2 U_2$$

sein und verliert in der Zeiteinheit die Masse $\dfrac{\gamma F_1 U_1}{g}$ den Geschwindigkeitsunterschied $U_1 - U_2$. Diese Verzögerung kommt davon, daß im engen Rohr und in der dasselbe umgebenden Ringscheibe der Druck p_1 kleiner als der Druck p_2 im weiten Rohr ist. Dabei scheint es, weil Versuche die Richtigkeit der nachfolgenden Formel (44 d) bestätigt haben, daß an der ganzen Ringscheibe und im engen Rohr ein *einheitlicher* Druck herrscht. Nach der Lehre von der

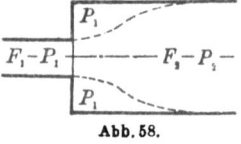

Abb. 58.

Bewegungsgröße muß in diesem Falle der Kraftunterschied

(44 a) $$(p_2 - p_1) F_2 = \dfrac{\gamma F_1 U_1}{g}(U_1 - U_2)$$

(44 b) oder $$\dfrac{p_2 - p_1}{\gamma} = \dfrac{U_2(U_1 - U_2)}{g}$$

betragen. Wenn kein Druckverlust stattfände, würde der weite Teil unter einem Druck p_2^* stehen, welcher p_2 übertreffen würde, und für den dem Bernoullischen Gesetz zufolge

(44 c) $$\dfrac{p_1}{\gamma} + \dfrac{U_1^2}{2g} = \dfrac{p_2^*}{\gamma} + \dfrac{U_2^2}{2g} \quad \text{oder} \quad \dfrac{p_2^* - p_1}{\gamma} = \dfrac{U_1^2 - U_2^2}{2g}$$

gälte. Aus (44b) und (44c) geht der Druckverlust $p_2^* - p_2$ oder in Wassersäulenhöhe ausgedrückt der Verlust

$$h_{12} = \frac{p_2^* - p_2}{\gamma} = \frac{U_1^2 - U_2^2}{2g} - \frac{U_2(U_1 - U_2)}{g} = \frac{U_1^2 - U_2^2 - 2U_1 U_2 + 2U_2^2}{2g}$$

oder, wie *J. Ch. Borda* 1766 ableitete,

(44d) $$h_{12} = \frac{(U_1 - U_2)^2}{2g}$$ hervor.

Wie der Strahl in einer Rohrerweiterung verhält sich der nach seiner Einschnürung sich *ausdehnende Ausflußstrahl*, von dem im vorhergehenden Paragraphen die Rede war. Nach den einschlägigen Versuchen ist hier im Mittel die Einschnürung

(45) $$\frac{F_1}{F_2} = \frac{U_2}{U_1} = 0{,}62 \quad \text{oder} \quad \frac{U_1}{U_2} = 1{,}61,$$

so daß sich gemäß (44d) ein Druckhöhenverlust

(45a) $$h_{12} = \frac{(0{,}61\,U_2)^2}{2g} = \frac{0{,}372\,U_2^2}{2g}$$

ergibt, wobei unter U_2 die Geschwindigkeit im volldurchströmten Rohr zu verstehen ist.

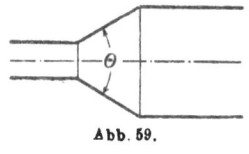
Abb. 59.

Auch *allmähliche Erweiterungen* bewirken neben der Drucksteigerung nach Bernoulli einen Druckhöhenverlust, der aber kleiner als bei plötzlichen Erweiterungen ist. Er kann nach *A. H. Gibson* (1910) durch

(46) $$\zeta_{12} \frac{(U_1 - U_2)^2}{2g}$$

wiedergegeben werden, wobei ζ_{12} nur vom Scheitelwinkel θ des Kegels abhängt, und sein Minimum von 0,135 für $\theta =$ ungefähr $5^0\,30'$, sein Maximum von 1,21 für $\theta =$ ungefähr 63^0 hat. Für $\theta = 180^0$ d. i. für rechtwinkeligen Ansatz fand er $\zeta_{12} = 1{,}017$ statt $= 1$, wie es Gl. (44d) verlangt.

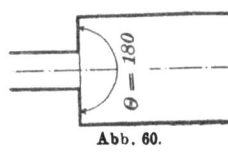
Abb. 60.

In diesen Werten sind die Reibungsverluste im Formstück einbegriffen, welche mit dessen Länge wachsen müssen. Nach Abzug des auf die Reibung in derselben Länge geraden Rohres entfallenden Druckverlustes zeigte der übriggebliebene Teil von ζ_{12} fortgesetztes Wachsen von Null für $\theta = 0^0$ bis zu seinem Maximum von etwa 1,2 für $\theta = 63^0$. — Etwa gleichzeitig mit Gibson fand *Hochschild*, daß der Druckverlust in sich erweiternden rechteckigen Kanälchen den in gleichförmigen übertrifft.

Allmähliche Verengungen (Verjüngungen) bewirken nach dem Bernoullischen Theorem eine Druckverminderung; daneben bleibt aber nach den Versuchen *Hochschilds* der Druckverlust durch die Wandreibung hinter dem zwischen parallelen Wänden zurück.

7. Richtungsänderungen.

In einem *Knie* bewegen sich die Wasserteilchen tunlichst in ihrer ursprünglichen Richtung weiter, ehe sie ihre neue einschlagen. Dadurch entsteht eine Stromeinengung mit nachträglicher Erweiterung und einem Druckhöhenverlust, der bei einer mittleren Geschwindigkeit U proportional mit U^2 wächst, also durch

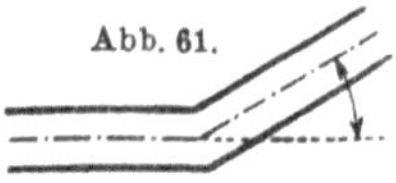

Abb. 61.

(47) $$\zeta \frac{U^2}{2g}$$

ausgedrückt werden kann. Für die Widerstandszahlen ζ fand *J. Weisbach* in einem 0,03 m weiten Rohr bei einem Ablenkungswinkel 2δ

(47 a) $$\zeta = 0{,}9457 \sin^2\delta + 2{,}047 \sin^4\delta \quad \text{oder für}$$

$2\delta =$ 20° 40° 60° 80° 90° 100° 110° 120° 130° 140°
$\zeta =$ 0,046 0,139 0,364 0,740 0,984 1,26 1,56 1,86 2,16 2,43

A. W. Brightmore ermittelte den zur Rohrreibung hinzukommenden Druckhöhenverlust in 0,076 bzw. 0,102 m weiten rechtwinkligen Knien zu $1{,}17\dfrac{U^2}{2g}$. Endlich bestimmte *K. Brabbée* bei rechtwinkligen Kniestücken von einer

Lichtweite von 0,014 0,020 0,025 0,034 0,039 0,049 m
$\zeta =$ 1,7 1,7 1,3 1,1 1,0 0,83

Da *Krümmer* (Bogen) eine stete Aufeinanderfolge flacher Kniee darstellen, erzeugen auch sie einen Druckhöhenverlust. Unter Beibehaltung der Schreibweise von (47) fand *Weisbach* für Krümmer (Kropfröhren) von $2r$ Lichtweite, deren Achse einen Viertelkreis vom Halbmesser $\Re$ bildet,

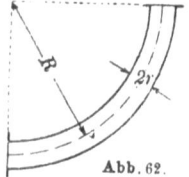

Abb. 62.

(48) $\begin{cases} \zeta = 0{,}131 + 1{,}847 \left(\dfrac{r}{\Re}\right)^{7/2} & \text{bei kreisförmigem Querschnitt} \\ \zeta = 0{,}124 + 3{,}104 \left(\dfrac{r}{\Re}\right)^{7/2} & \text{„ rechteckigem „} \end{cases}$

das gibt für $r : \Re =$ 0,1   0,3   0,5   0,7   0,9   1,0
$\zeta =$ 0,131 0,158 0,294 0,661 1,408 1,978
$\zeta =$ 0,124 0,170 0,398 1,015 2,271 3,228

Die aufgezählten Einzelbestimmungen verlieren dadurch an Wert, daß *G. S. Williams*, *C. W. Hubbell* und *G. H. Frenkell* in Detroit in den Vereinigten Staaten 1902 entdeckt haben, daß der Druckverlust sich keineswegs auf den Bogen selbst beschränkt. Es erhöht sich nämlich die Wirbelung, und so muß das Wasser noch eine längere Strecke durchlaufen, ehe es sich wieder beruhigt. Eine von den Genannten gegebene graphische Darstellung besagt, daß ein Viertelkreis von einer Länge von

Richtungsänderungen. Widerstand in Schiebern usw. 49

2   4   8   12   20   28   37 Rohrdurchmesser D
den Druckverlust der nachfolgenden Strecke von 80 D Länge, um
ungefähr 18   15   25   40   60   75   90 Prozent   steigert.
Das überraschende Ergebnis erklärt sich durch die größere Länge
der flacheren Viertelkreise.

8. Widerstand verschiedener Vorrichtungen.

Allerlei Vorrichtungen, wie sie in Rohrnetzen vorkommen, erzeugen
Druckhöhenverluste, die, soweit bekannt, ebenfalls der Formel (47)
Genüge tun, wenn U die Geschwindigkeit im Rohr bedeutet, in welches die Vorrichtung eingeschaltet ist. Diese Druckverluste sind zum
Teil erheblich. So kam *Brabbée* auf nachstehende Werte der Widerstandszahl ζ

Vorrichtung	Firma:	\multicolumn{6}{c}{Rohrweite in mm}
		14	20	25	34	39	40
Eckhahn	Gebr. Körting	6,9	3,6	4,1	3,9	—	—
Durchgangshahn	Gebr. Körting	4,1	1,7	1,5	1,8	—	—
Absperrschieber für Muffenrohre	Rud. Ott. Meyer	1,1	0,47	0,25	0,40	0,13	0,09
Drosselklappe	Rud. Ott. Meyer	3,2	2,1	1,9	1,1	1,8	0,85

Für einen offenen oder mehr oder weniger geschlossenen Wasserleitungsschieber von 0,61 m Durchgangsweite, dessen Verhältnis der
Höhe der freigelegten halbmondförmigen Fläche zum Rohrdurchmesser unter Schieberstellung verstanden wurde, bestimmte *E. Kuichling* (1892) folgende Zahlenreihe:

Schieberstellung   = 13/72 7/36 5/24 1/4 1/3 3/8 5/12 11/24 1/2 7/12 2/3 1
Widerstandszahl ζ = 41,2 35,4 31,4 22,7 11,9 8,63 6,33 4,57 3,27 1,55 0,77 0

Beispiel. Von einem Behälter gehe mit scharfer Kante ein 400 m langer Strang aus, welcher einen Absperrschieber und drei Viertelkreiskrümmer enthält und bei 7,9 m Tiefenlage des Strangendes unter der Behältersohle sekundlich 0,006 m³ liefern soll. Die Rohrweite ist zu berechnen. — Da der Strang auch bei nahezu leerem Behälter
die 0,006 m³ sec^{-1} führen soll, kommt es auf die Lage unter der Sohle
des Behälters an. Schätzen wir vorläufig die Einzelverluste auf 0,1 m,
so stehen 7,8 m zur Verfügung und man hat $J = \dfrac{7,8}{400} = 0,0195$ oder
nach Darcy, Gl. (35a), $K = J : Q^2 = 0,0195 : 0,000036 = 542$, so daß Röhren
von $D = 0,10$ m genügen würden. Wir haben für diese Rohrweite
$K' = 826$, $\dfrac{U^2}{2g} = K' Q^2 = 826 \cdot 0,000036 = 0,030$ m und als Eintrittswiderstand nach Gl. (43a) $1,472 \dfrac{U^2}{2g} = 0,044$ m; für den Schieber rechnen
wir $0,83 \dfrac{U^2}{2g} = 0,025$ m, und der drei Krümmer wegen, die je 1 m oder
je 10 D lang sein mögen, schlagen wir, weil 80 D = 8 m ist   zur
wahren Stranglänge $3 \times 0,4 \times 8 = 9,6$ m hinzu; so ergibt sich $J =$
$= \dfrac{7,9 - 0,044 - 0,025}{400 + 10} = \dfrac{7,83}{110} = 0,0191$ oder so wenig vom früheren Ge-

fälle verschieden, daß eine Neuberechnung von D überflüssig erscheint. — Nach Kutter (s Tabelle) erfordern alte Rohre von $D = 0{,}100$ m bei $Q = 0{,}006$ m³ sec^{-1} Durchfluß ein $\sqrt{J} = 25{,}9 \cdot 0{,}006 = 0{,}1554$ oder $J = 0{,}02415$, so daß man gemäß den deutschen Rohrnormalien sich trotz Darcys Formel zu $D = 0{,}125$ m entschließen müßte, falls Vorsicht geboten erscheint.

V. Strömung in offenen Läufen.

1. Gleichförmige Strömung. Formeln ohne Berücksichtigung der Rauheit.

Bei voller Geltung des Bernoullischen Theorems würde das Wasser mit stets zunehmender rasender Geschwindigkeit stromab schießen; das ist bekanntlich nicht der Fall, und zwar, wie *A Brahms* in Aurich 1754 erkannt hat, aus dem Grunde nicht, weil die Reibung die vom fallenden Wasser verrichtete Arbeit verzehrt.

Am einfachsten findet der Fließvorgang bei der nach Raum und Zeit gleichförmigen Bewegung statt. Hier wirkt auf das Wasser einer Stromstrecke von der Länge l und dem Stromquerschnitt F die Schwere $\gamma F l$. Bei einem Gefälle J (unter dem bei der gewöhnlich geringen Neigung fast immer sowohl der Sinus wie auch die Tangente des Neigungswinkels verstanden werden kann) trachtet die Teilkraft

$$\gamma F l J$$

des Gewichts das Wasser abwärts zu ziehen, während die senkrecht zur Flußsohle gerichtete Teilkraft $\gamma F l \sqrt{1 - J^2}$, die kaum von $\gamma F l$ verschieden ist, durch den Widerstand der Sohle aufgehoben wird. Soll das Wasser weder beschleunigt noch verzögert werden, so muß der Reibungswiderstand $= \gamma F l J$ sein, aber damit wäre noch kein Kräftegleichgewicht vorhanden, da die beiden gleich großen Kräfte nicht in derselben Ebene wirken. Es würde ein Drehmoment übrigbleiben, welches nur dadurch verschwindet, daß die oberen Wasserschichten über die unteren wegzugleiten trachten, wodurch sowohl parallel zu Sohle und Spiegel wie auch senkrecht hierzu Scheerkräfte wachgerufen werden. Denkt man sich die Wassermasse quer zum Lauf in senkrechte Scheiben zerlegt, so müssen diese ja aneinander gleiten, also gegeneinander reiben, wenn man sie mit den Spiegelenden voran umlegt. Es war, was die Reibung pro Flächeneinheit des Flußbettes betrifft, logisch anzunehmen, daß sie irgendeine Funktion $\varphi(U)$ der mittleren Stromgeschwindigkeit U darstelle, und so führte die Gleichsetzung von Teilkraft des Gewichts und Reibungswiderstand auf die Gleichung

(49) $\quad \gamma F l J = \text{Umfang} \cdot l \cdot \varphi(U) \quad$ oder (49a) $\quad R J = \varphi(U),$

(50) $\quad$ worin $\quad R = \dfrac{\text{durchflossener Querschnitt}}{\text{benetzter Umfang}}$

eine vom Flächeninhalt und der Form des Querschnittes abhängige

Abb. 64.

Länge bezeichnet, die den Namen *Profilradius* oder hydraulischer Radius führt. Für den Kreis ist beispielsweise (vgl. S. 34).

(51) $$R = \frac{\frac{\pi D^2}{4}}{\pi D} = \frac{D}{4},$$

also gleich dem *halben* Kreisradius.

Die erste brauchbare Formel für die Berechnung der mittleren Strömungsgeschwindigkeit U gab, wie es scheint, *de Chézy*, der 1775

(52) $U = c\sqrt{RJ}$ (worin für U in m sec^{-1} und R in m die Zahl c die Dimension m$^{1/2}$ sec^{-1} hat),

(52a) demnach $\varphi(U) = \dfrac{U^2}{c^2}$ setzte.

In lateinischen Ländern wird für $U > 0{,}1$ oder $0{,}15$ m sec^{-1} mit $c = 50$ m$^{1/2}$ sec^{-1} Gl. (52) unter dem Namen *Tadinische* Formel in der einfachsten Form

(52b) $$U = 50\sqrt{RJ}$$

für rasche Schätzung noch vielfach herangezogen. Nach Gl. (52) und (52a) sind J und U^2 proportional; einige Hydrauliker fügten ein Glied mit U hinzu, unter ihnen z. B. *R. de Prony*, der

(53) $$JR = 0{,}000\,044\,U + 0{,}000\,309\,U^2 \quad \text{schrieb.}$$

Bei gegebenem Gefälle und Querschnitt ist es leicht, nach Berechnung von U den Durchfluß

(54) $$Q = FU \quad \text{anzugeben.}$$

Es ist ein rein mathematisches Problem, den Querschnitt aufzusuchen, der bei festgesetztem Flächeninhalt den kleinsten Umfang besitzt, also nach de Chézy den *größten Durchfluß* ermöglicht. Ganz allgemein ist dies der Kreis und der Halbkreis. Doch liefert eine Röhre nicht, wenn sie vollläuft, am meisten, weil, wenn sich der steigende Spiegel dem Leibungsscheitel nähert, der Querschnitt sich nur wenig, der Umfang hingegen stark vergrößert. So ist im Rohr vom Durchmesser D bei einer Füllhöhe von $0{,}83\,D$ die Geschwindigkeit U und bei einer Füllhöhe von $0{,}91\,D$ der Durchfluß Q am größten. — Für einen Graben mit gegebener Neigung der Böschungen ist es am günstigsten, diese durch einen Bogen zu verbinden, dessen Mittelpunkt im Spiegel liegt.

2. Gleichförmige Strömung. Formeln mit Berücksichtigung der Rauheit.

Die bei der Strömung in Röhren erlangte Erkenntnis von der Wichtigkeit der Beschaffenheit der Wandungen veranlaßte *H. Darcy* in Gemeinschaft mit *H. Bazin*, einschlägige Versuche in offenen Gerinnen zu beginnen, welche nach dem Tode des Erstgenannten Bazin allein fortführte. Dieser gelangte 1865 zum Schlusse, es sei in de Chézys Gl. (52) $1 : c^2$ näherungsweise $= \alpha \left(1 + \frac{\beta}{R}\right)$, worin α und β von der Rauhigkeit der Wandungen abhängige Konstanten bedeuteten.

Ihm folgten die beiden schweizerischen Ingenieure *E. Ganguillet* und *W. Kutter* mit der heute noch stark in Gebrauch stehenden Formel

$$(55) \quad U = c\sqrt{RJ} = \frac{23 + \frac{1}{n} + \frac{0{,}00155}{J}}{1 + \left(23 + \frac{0{,}00155}{J}\right)\frac{n}{\sqrt{R}}}\sqrt{RJ},$$ in der für

		n	1 : n
I.	Kanäle, sorgsam gehobeltes Holz oder glatten Zementputz	0,01	100
II.	Kanäle, Bretter	0,012	83,33
III.	„ , Quader, gut gefügte Ziegel . . .	0,013	76,91
IV.	„ , Bruchsteine	0,017	58,82
V.	„ , in Erde, Bäche und Flüsse . . .	0,025	40,00
VI.	Gewässer mit gröberem Geschiebe und Pflanzen	0,030	33,33

zu setzen ist. Eine Tabelle der sich hiernach ergebenden Werte von c für verschiedene Profilradien und Gefälle ist im Anhang beigefügt. Für halbkreisförmigen Querschnitt ist nach Ganguillet und Kutter c noch um 5 oder 6 Einheiten zu erhöhen. Eine meist nur mit *Kutters* Namen belegte Abkürzung von (55) wurde in ihrer Anwendung auf Röhren schon oben unter (41) bis (41b) mitgeteilt. Für beliebige Querschnitte lautet sie

$$(55\,\mathrm{a}) \quad U = \frac{100\,R}{b + \sqrt{R}}\sqrt{J},$$

worin nach *Rümelin* für neuen Schalungsbeton $b = 0{,}50$, für alten $b = 0{,}70$ bis 1, für Kiesgerinne $b = 1{,}70$ sei.

Eine andere Vereinfachung traf *R. Manning*, der unter Beibehaltung der Rauhigkeiten Ganguillets und Kutters für Kanäle

$$(55\,\mathrm{b}) \quad U = \frac{1}{n} R^{2/3} J^{1/2} \quad \text{setzt.}$$

Später (1897) tadelte *H. Bazin* an seinen 1865er Formeln, daß sie für verschiedene Rauheit bei wachsendem Profilradius auf verschiedene Koeffizienten c der Gl. (52) führen, während doch bei wachsender Tiefe die Beschaffenheit des Bettes an Bedeutung verlieren müsse. Unter Berücksichtigung der hinzugekommenen Messungen

Ältere Formeln für gleichförmige Strömung. Bazins Formel

entschied er sich nunmehr mit geringer Abweichung für die Kuttersche Gl. (55a), nämlich für

$$(56) \qquad U = \frac{87}{1 + \frac{\gamma}{\sqrt{R}}} \sqrt{RJ}.$$

Hier bringt die Größe γ die Rauheit zum Ausdruck und es sei für

		γ
I.	gehobeltes Holz, glatten Putz	0,06
II.	Holz, Quader, Ziegel	0,16
III a.	Bruchsteinmauerwerk	0,46
III b.	Pflaster, regelmäßiges Erdbett	0,85
IV.	Erdkanäle üblichen Zustandes	1,30
V.	Erdbetten mit außergewöhnlichem Widerstand	1,75

Rümelin setzt in Gl. (56) für glattesten Zementputz (Spiegelputz) $\gamma = -0{,}04$ (also negativ), für gewöhnlichen Glattputz $\gamma = 0{,}04$, für abgestrichenen Beton $\gamma = 0{,}31$, für neue Schalungsbetonflächen $\gamma = 0{,}48$ und für alte solche Flächen $\gamma = 0{,}74$. Andererseits kann in Alpenflüssen γ bis auf etwa 3,5 steigen. Praktisch wichtig ist, daß in den Werkgräben Betonsohlen zuweilen von Schlamm, Sand oder Kies überdeckt sind.

Auf Mannings' Ansatz (55b) griff *Forchheimer* (1923) mit einer geringfügigen Änderung wesentlich auf Grund von Messungen in großen Werkgräben zurück, indem er

$$(56a) \qquad U = \frac{1}{n} R^{0,7} J^{0,5}$$

schrieb. Die n sind wieder die Ganguillet-Kutters. Ferner ist n für ablagerungsfreien Beton im allgemeinen $= 59$, für alten angegriffenen Beton etwa $= 50$, in Erdgräben je nach deren Zustand 40 bis 30, in natürlichen Flüssen nach *Beyerhaus* 31 (im Mississippi bei Vicksburg) bis 24. Der Ausdruck (56a) sowie der von Manning stimmen für $R = 1$ m mit Gl. (55) völlig überein und auch für andere Profilradien liefern sie Geschwindigkeiten, die nur wenig von den sich nach Gl. (55) ergebenden abweichen. Den Bazinschen Beobachtungen entsprechen sie besser als sein eigener Ansatz (56). Sie verdienen also ihrer Einfachheit wegen den Vorzug unter den hier angeführten und den zahlreichen sonstigen die Rauheit in Betracht ziehenden Aufstellungen verschiedener Verfasser. In bezug auf ihre Genauigkeit gilt von ihnen wie von allen übrigen, daß das Ergebnis wesentlich von der Einschätzung der Rauheit abhängt. Da fehlt es heute noch an einer scharfen Kennzeichnung der Wandbeschaffenheit. Übrigens ist die Gl. (56a) nur als Näherungsformel zu betrachten, denn die Auftragung von Bazins Versuchen lehrt, daß der Exponent von R etwa 0,6 bei Zement, 0,6 bis 0,68 bei Brettern, 0,87 bei Kieseln, 0,92 bei reiner Erde betragen sollte und bis über 1,1 ansteigen kann

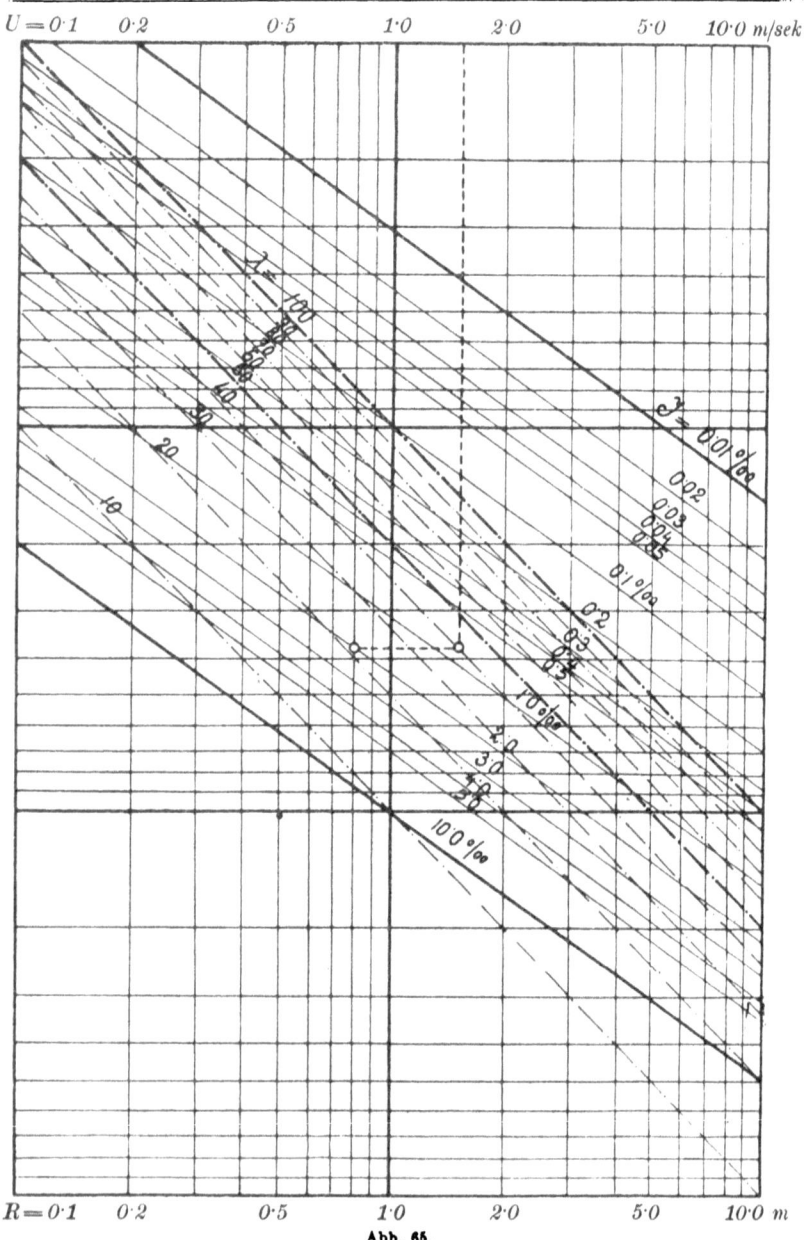

Abb. 65.

Beispiel. $J = 2°/_{00}$, $R = 0{,}8$ m, $\lambda = \dfrac{1}{n} = 40$. Lösung: $U = 1{,}53$ m sec^{-1}.
(*Kreitmeyers* Tafel.)

Bazins Formel. Ungleich rauhe Wandteile

Beispiel. Ein Wasserlauf hat $F = 23$ m^2 Querschnitt und dieser 24,6 m Umfang. Das Gefälle J beträgt 0,0013. Wie groß ist die mittlere Geschwindigkeit U? — Man hat $R = 23:24,6 = 0,935$ m, $RJ = 0,935 \cdot 0,0013 = 0,001\,216$ m, $\sqrt{RJ} = 0,03487$ m$^{1/2}$ und findet U nach de Prony $= 1,91$, nach Tadini 1,74 m sec^{-1} oder $Q = 43,9$ und 40,0 m^3 sec^{-1}. Man hat ferner nach Bazins älterer Formel für die Rauheiten

	I	II	III	IV	V
$\frac{1}{c^2} =$	0,000 155	0,000 204	0,000 304 5	0,000 654	0,001 149 m^{-1} sec^2
$c =$	80,3	70,0	57,3	39,1	29,5
$U =$	2,80	2,44	2,00	1,36	1,08 m sec^{-1}

nach Bazins neuerer Formel (56), in der $87\sqrt{RJ} = 3,034$ ist, gemäß Tabelle III für

	I	II	IIIa	IIIb	IV	V
$c =$	81,9	74,3	58,95	46,3	37,1	31,0 m$^{1/2}$ sec^{-1}
$U =$	2,86	2,59	2,06	1,61	1,29	1,08 m sec^{-1}

nach der Tabelle II von Ganguillet und Kutter für

	I	II	III	IV	V	VI
$n =$	0,010	0,012	0,013	0,017	0,025	0,030
$c =$	98,8	82,8	76,1	57,2	39,4	32,5 m$^{1/2}$ sec^{-1}
$U =$	3,45	2,89	2,65	1,99	1,37	1,13 m sec^{-1}

nach Mannings Formel (55b), in welcher $R^{2/3} J^{1/2}$ sich $= 0,03448$ zeigt, für

	I	II	III	IV	V	VI
$c = \frac{R^{1/6}}{n} =$	98,9	82,4	76,1	58,2	39,6	33,0 m$^{1/2}$ sec^{-1}
$U =$	3,45	2,87	2,66	2,03	1,38	1,15 m sec^{-1}

fast die gleichen $c = \frac{1}{n} R^{0,2}$ und U gibt Formel (56a). Das vorliegende Beispiel kann als Beleg für die erwähnte große Bedeutung der Rauhigkeit dienen.

Häufig hat man es mit Werksgräben und dergl. zu tun, deren Wandung aus ungleich rauhen Teilen zusammengesetzt ist. Sie besteht z. B. aus einem Teil von der Länge b_1, dessen Beschaffenheit, wenn sie sich über den ganzen Querschnitt erstrecken würde, eine Manningsche Zahl n_1 zur Folge hätte, und einen zweiten Teil von der Länge b_2, dem n_2 zukäme. Da bei gleichförmiger Wandung (vgl. (56a)) für die Reibungsarbeit längs der Grabenstrecke l, weil

$$\frac{1}{R} = \frac{b_1 + b_2}{F} \text{ ist,}$$

$$\gamma F l J = \gamma F l \frac{n^2 U^2}{R^{4/3}} \text{ bis } \gamma F l \frac{n^2 U^2}{R^{1,4}} \text{ oder } U = \frac{J^{1/2} R^{0,66 \text{ bis } 0,70}}{n}$$

gelten würde, ist im vorliegenden Falle sinngemäß

(57) $$U = J^{1/2} R^{0,66 \text{ bis } 0,70} \frac{b_1 + b_2}{b_1 n_1 + b_2 n_2} \text{ vorauszusetzen.}$$

Überdies kann man Tiefenunterschiede beider Wandungsteile schätzungsweise berücksichtigen.

In betonverkleideten Stollen gelingt es nicht, die Sohle so glatt wie die Wände zu erhalten; so zeigte sich nach achtjährigem Betrieb im Ruetzwerkstollen $1:n$ an der Sohle ungefähr $= 74$, an den Wänden ungefähr $= 90$. Hier hatte die Leitungsfähigkeit des ganzen Querschnittes (nämlich sein $1:n$) seit Betriebseröffnung um 7 v. H. abgenommen. In Werkgräben mit Betonsohlen ist es von großer Bedeutung, daß diese nicht mit Schlamm, Sand oder gar Kies bedeckt werde.

Beispiel. Bis zu welcher Höhe h wird ein rechteckiges Gerinne mit gepflasterter Sohle von $b_1 = 5$ m Breite und in Bruchstein gemauerten Seitenwänden bei $J = 0{,}0009$ Gefälle und einem Durchfluß $Q = 8 \, \mathrm{m^3 sec^{-1}}$ gefüllt? — Wir nehmen zunächst versuchsweise $h = \dfrac{b_1}{2} = 1{,}2$ m an

und haben in (56a) für $R^{0,7} = 0{,}8632$ mit $\dfrac{1}{n_1} = 57{,}6$ und $\dfrac{1}{n_2} = 44{,}8$

$$U = 0{,}03 \cdot 0{,}8635 \, \frac{2{,}40 + 5{,}00}{2{,}40 : 57{,}6 + 5{,}00 : 44{,}8} =$$

$$= 0{,}03 \cdot 0{,}8635 \, \frac{7{,}40}{0{,}0417 + 0{,}1161} = 1{,}216 \, \mathrm{m \, sec^{-1}}; \text{ dann } Q = FU =$$

$= 6{,}0 \cdot 1{,}216 = 7{,}296 \, \mathrm{m^3 sec^{-1}}$. Da dieser Durchfluß zu gering ist, wiederholen wir die Rechnung mit $h = 1{,}3$ m und erhalten:

$$U = 0{,}03 \cdot 0{,}8963 \, \frac{2{,}60 + 5{,}00}{2{,}60 : 57{,}6 + 5{,}00 : 44{,}8} =$$

$$= 0{,}03 \cdot 0{,}8963 \, \frac{7{,}60}{0{,}0452 + 0{,}1161} = 1{,}268 \, \mathrm{m \, sec^{-1}} \text{ oder } Q = FU =$$

Abb. 66.

$= 6{,}5 \cdot 1{,}268 = 8{,}242 \, \mathrm{m^3 sec^{-1}}$. Die Einschaltung des gewünschten Durchflusses Q von $8 \, \mathrm{m^3 sec^{-1}}$ zwischen die gefundenen Werte liefert die Füllhöhe $h = 1{,}27$ m.

Zeigt ein Querschnitt Flächen F_1, F_2, F_3 von sehr verschiedener Tiefe und vielleicht auch von verschiedener Rauheit, setzt er sich z. B. aus einem tiefen Flußbett und seitlichen seichten und bewachsenen Überschwemmungsgebieten zusammen, so ist jeder Lauf getrennt zu behandeln, d. h. man hat

$$(58) \quad Q = Q_1 + Q_2 + \cdots = U_1 F_1 + U_2 F_2 + \cdots =$$
$$= (c_1 \sqrt{R_1} \cdot F_1 + c_2 \sqrt{R_2} \cdot F_2 + \cdots) \sqrt{J}$$

zu setzen. Bei der Berechnung der Profilradien sind die nur gedachten Trennungslinien nicht als Umfang zu betrachten, da an ihnen sowohl eine Verzögerung des einen angrenzenden Laufes, wie eine Beschleunigung des anderen stattfindet.

Der Profilradius R und die Querschnittsfläche F eines regelmäßigen Bettes läßt sich häufig genügend genau einer Potenz der Wassertiefe h proportional setzen. Schreibt man $R = r h^\varrho$, so sind für die Tiefen h_1 und h_2 die zugehörigen Profilradien

Verschieden tiefe Teile. Entfall der Rauheitsziffer

$R_1 = r h_1^\varrho$ und $R_2 = r h_2^\varrho$, woraus sich

(58a) $\quad \varrho = \dfrac{\log R_2 - \log R_1}{\log h_2 - \log h_1}$ und hieraus $r = \dfrac{R_1}{h_1^\varrho} = \dfrac{R_2}{h_2^\varrho}$

ergibt. Ähnlich findet man für $F = f h^\varphi$ die Zahlen f und φ. Nach der Formel (56a) erhält man dann für den Durchfluß

$$Q = \frac{1}{n} f r^{0,7} h^{0,7\varrho + \varphi} J^{0,5} = k h^x J^{0,5}$$

z. B. für Trapezquerschnitt von 9 m Sohlenbreite, einfüssige Böschungen, $n = 0{,}017$ und 1 bis 4 m Tiefe $R = 0{,}845\, h^{0,80}$, $F = 10{,}0\, h^{1,19}$ und $Q = 52{,}3\, h^{1,75} J^{0,5}$.

Schließlich sei angeführt, daß, wie die Nachrechnung lehrt, *Ringelmann* für Wasser, das in *dünner* Schicht über rauhes Pflaster rieselte, nämlich für R zwischen 0,0014 und 0,01 m und U zwischen 0,11 und 0,58 m sec^{-1} bei J ständig $= 0{,}051$

(59) $\qquad U = $ ungefähr $80\, R \sqrt{J}$ ermittelte.

3. Gleichförmige Strömung in Wasserläufen von beweglichem Bett.

Ein Fluß oder Bach, der über seine eigenen Anschwemmungen dahinströmt, sie bei Hochwasser aufwühlt, bei Niederwasser wieder ablagert, bildet sein Bett selbst. *R. Siedek* (in Wien 1901) hat daher ausgesprochen, daß die Rauheit des Bettes bei einem solchen Laufe das Werk seiner eigenen Geschwindigkeit sei und daß man also eine Rauhigkeitsziffer in der Geschwindigkeitsformel bei natürlichen Gewässern mit beweglichem Bett entbehren könne.

J. Hermanek (Wien 1905) geht in seiner kurzen und brauchbaren Formel für die in Rede stehenden Gewässer von der mittleren Tiefe T

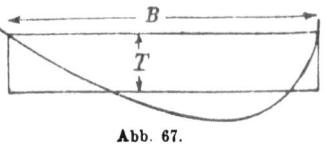

Abb. 67.

(d. i. dem Quotienten Querschnitt durch Spiegelbreite) aus. Er lehrt, es sei

(60) $\begin{cases} \text{für } T < 1{,}50 \text{ m} \\ \text{für } 1{,}5 \leq T \leq 6 \text{ m} \\ \text{für } T > 6 \text{ m} \end{cases}$ $\begin{aligned} U &= 30{,}7\ T J^{1/2} \\ U &= 34\ T^{3/4} J^{1/2} \\ U &= 44{,}5\ T^{0,6} J^{0,5} \text{ und auch} \end{aligned}$

$$U = \left(50{,}2 + \frac{T}{2}\right) T^{1/2} J^{1/2}$$

Zu Ausdrücken, welche sich den Messungen, von denen er etwa 600 als zuverlässig ausgesucht hat, genauer anschließen als Gl. (60), gelangte *O. Gröger* (Wien 1914). Er setzt für Spiegelbreiten über

10 m und Gefälle unter 0,005

(61a) für $0,2 \leq T \leq 2$ m $U = 23,78\ T^{0,776}\ J^{0,458}$

(61b) für $T > 2$ m $U = 22,11\ T^{0,58}\ J^{0,43}$

Freilich darf man von Beziehungen, welche Wasserläufe aller Art in so allgemeiner Weise umfassen, überhaupt keine zu große Genauigkeit erwarten. Immerhin gibt Gröger an, daß er (61b) an 177 Messungen geprüft und einen mittleren Fehler von 5,9 cm sec^{-1} gefunden habe. Daß er den Exponenten von J bei beweglichem Bett kleiner als 0,5 fand, kommt daher, daß grobes Geschiebe und steile Neigung zusammen aufzutreten pflegen. Auch eine Veränderlichkeit ein und desselben Bettes mit der Geschwindigkeit muß in der für den betreffenden Wasserlauf geltenden Geschwindigkeitsformel zum Ausdruck kommen. In einem unveränderbaren Bett scheint, wenn der Profilradius R zwischen 2 und 5 m liegt, U proportional mit $R^{0,7}$, in einem bei Hochwasser sehr aufgewühlten Bett proportional mit $R^{0,5}$ zu wachsen.

4. Die Geschwindigkeitsverteilung. Die Pulsationen.

Trägt man von jedem Punkte einer Lotrechten, die man sich im Wasserlaufe errichtet denkt, die daselbst herrschende Geschwindigkeit wagrecht auf, so erhält man eine Kurve, die *Geschwindigkeitsskale*. Sie bildet nach *Bazin,* der sich auf Beobachtungen in seinen Versuchsgerinnen stützte, in Betten, deren Breite mindestens 5mal so groß wie deren Tiefe ist, eine Parabel, die ihre Achse im Spiegel hat, und die Beziehungen

(62) $$\frac{u_0 - u}{\sqrt{hJ}} = 20 \left(\frac{z}{h}\right)^2$$

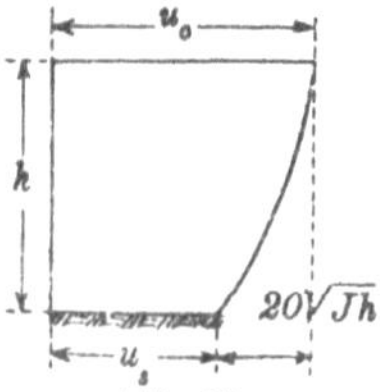

(62a) $$\bar{u} = \frac{2}{3} u_0 + \frac{1}{3} u_s = u_0 - \frac{20}{3} \sqrt{hJ}$$

Abb. 68.

aufweist. Hier bedeutet u die Geschwindigkeit (in m sec^{-1}) in der Tiefe z (in m), ferner $\bar{u}$ die mittlere Geschwindigkeit der Lotrechten, u_0 diejenige im Spiegel, u_s diejenige an der Sohle, h die ganze Tiefe, J das Gefälle. Daß an der Sohle die Strömung nicht verschwindet, hat bei netzenden Flüssigkeiten etwas Unwahrscheinliches an sich; tatsächlich dürfte u_s auch nicht an der Sohle, sondern in ihrer sehr nahen Nachbarschaft auftreten und der Übergang von u_s in Null durch ein Fließen in Schichten erfolgen. Aus Gl. (62a) geht in Verbindung mit de Chézys Gl. (52), soweit diese auch für einzelne Lotrechte gilt,

(63) $$u_0 - u_s = 20 \frac{\bar{u}}{c}$$

hervor, worin übrigens für unendlich breite Betten 20 in 22,3 über-

Geschwindigkeitsverteilung. Pulsation

gehe. Die mittlere Geschwindigkeit $\bar{u}$ findet sich gemäß den Eigenschaften der Parabel nach *Bazin* in der Tiefe $z = 0,577\,h$ unter dem Spiegel, wonach hier schon eine einzige Messung die der Durchflußbestimmung wegen bedeutsame mittlere Geschwindigkeit der Lotrechten ergeben würde. Noch leichter ist es allerdings nur an der Oberfläche zu messen, und aus jedem u_0 nach Gl. (62a) das $\bar{u}$ der betreffenden Lotrechten zu berechnen. Auf ein genaues Ergebnis kann man übrigens bei keinem der beiden Verfahren rechnen.

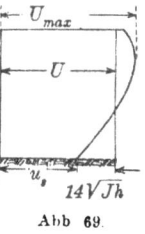

Abb 69.

H. Bazin gab bereits an, daß bei mäßiger Breite die Maximalgeschwindigkeit U_{max} des *ganzen* Querschnittes von der Oberfläche abwärts rücke und Gl. (63) zu

(63a) $$U_{max} - U = 14\,\frac{U}{c} = 14\sqrt{hJ}$$

werde, worin U sich wie bisher auf den ganzen Querschnitt bezieht. In der Tat ist in solchen Gerinnen die Strömung in einer Lotrechten nicht unabhängig von den seitlichen Vorgängen, und bietet der Gerinnequerschnitt bei Verbindung der Punkte gleicher Geschwindigkeit durch *Isotachen* genannte Kurven ein einheitliches Bild. Die Maximalgeschwindigkeiten u_{max} der einzelnen Lotrechten treten in verschiedener Höhe auf. Den Fall ausgenommen, daß die Sohle mehrere Tiefpunkte besitze, liegt das größte u_{max}, also U_{max}, gewöhnlich am tiefsten und unter dem „*Stromstrich*", d. h. dem Faden größter Oberflächenströmung. Gegen die Ufer rücken die u_{max} höher und in Ufernähe schneiden die Geschwindigkeitsskalen die Spiegellinie schräge, bieten

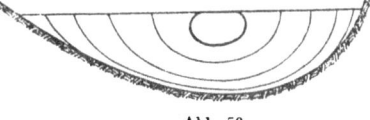

Abb. 70.

also kein Maximum mehr im mathematischen Sinne. Auch die Sohlengeschwindigkeit u_s nimmt gegen die Ufer hin ab, so daß die äußeren Isotachen den Umriß schneiden.

An der Oberfläche ist u_0 begreiflicherweise leichter festzustellen, als es die u in der Tiefe sind, und da ist belangreich, daß bei Flüssen im allgemeinen das Verhältnis

(64) $$\frac{U}{\text{größte Oberflächengeschwindigkeit}} = 0,7 \text{ bis } 0,8$$

ist. Es nimmt ab, wenn die Rauhigkeit oder das Verhältnis der mittleren Tiefe zur Breite wächst. Aus dem Mittel der u_0 läßt sich schwerer als aus dem größten u_0 ein guter Schluß auf U ziehen, und zwar deswegen nicht, weil bei Feststellung jenes Mittels die über seichten und tiefen Stellen gemessenen Oberflächengeschwindigkeiten in gleicher Weise berücksichtigt erscheinen. Bildet man jedoch den Mittelwert unter Rücksichtnahme auf die Tiefe, multipliziert man nämlich jedes u_0 mit dem Flächeninhalt f des zugehörigen lotrechten Streifens und sucht man

(64a) $$U_0 = \frac{\text{Summe der } (f u_0)}{\text{Querschnittsfläche}}$$

auf, so kann man, wie *R. Siedek* (1912) gezeigt hat, mit zufriedenstellender Genauigkeit für Querschnitte von der Breite B und mittleren Tiefe T

(65) $$\begin{cases} \text{für } 0{,}8 < T < 2{,}0 \text{ m} & U = U_0 \sqrt[20]{\dfrac{T^2}{B}} \\ \text{für } T > 2{,}0 \text{ m} & U = \dfrac{U_0 + 0{,}4}{1{,}2} \sqrt[20]{\dfrac{T^2}{B}} \end{cases} \quad \text{setzen}$$

Bisher war von bestimmten Geschwindigkeiten u für die einzelnen Querschnittsstellen so die Rede, als ob das Wasser sich unveränderlich in bestimmten Fäden bewegen würde; tatsächlich beschreibt es aber Wirbel, welche eine unausgesetzte, als *Pulsationen* bezeichnete Änderung der Geschwindigkeiten zur Folge haben. Die Pulsationen sind in derselben Lotrechten an der Sohle am stärksten, wachsen bei gleicher Tiefe vom Stromstrich gegen die Ufer hin und nehmen in einem und demselben Querschnitt mit zunehmender Geschwindigkeit ab. Es liegt daher nahe, sie als die Wirkung von Stößen aufzufassen, die von den Wandungen ausgehen.

Infolge der Pulsationen ist man genötigt, unter u das Mittel aus den während eines gewissen Zeitraumes z. B. 3 Minuten herrschenden Geschwindigkeiten zu verstehen. Bei großer mittlerer Geschwindigkeit können die Pulsationen dem Bernoullischen Gesetz gemäß bewirken, daß der hydraulische Druck zeitweise unter den atmosphärischen sinkt und Luftaufnahme des Wassers stattfindet.

5. Dem Ort nach veränderliche Strömung. Die Staulinie in streckenweiser Behandlung.

Zur Besprechung gelange nunmehr eine Strömung, die sich von Querschnitt zu Querschnitt ändert, aber *stationär*, d. h. der Zeit nach unveränderlich ist. Es ist wiederholt auseinandergesetzt worden (so zu Gl. 13, 23, 34), daß es bei der Strömung nur auf die Höhe des freien Spiegels ankomme. Von dessen Gefälle J dient ein Teil J_1 zur Beschleunigung des Wassers nach dem Gesetze (17a) für vollkommene Flüssigkeiten, der andere J_2 zur Überwindung der Reibung nach dem Gesetze (49a) für zähe Flüssigkeiten. Es gilt also, wenn die Gerinnelängen x *stromauf* gemessen werden,

(66) $$J = J_1 + J_2 = \frac{\varphi(U)}{R} - \frac{d\frac{U^2}{2g}}{dx}$$

oder auch unter Rücksichtnahme auf die ungleiche Verteilung der Geschwindigkeiten nach Ansicht mancher — besonders französischer — Verfasser, ähnlich wie in Gl. (43)

(66a) $$J = J_1 + J_2 = \frac{\varphi(U)}{R} - 1{,}1 \frac{d\frac{U^2}{2g}}{dx}$$

Für die Strömungsgeschwindigkeit ist hiernach bei der ungleichförmigen stationären Bewegung nicht das Gefälle J_1 der Spiegellinie, sondern jenes J der Energielinie maßgebend, welche um die Geschwindigkeitshöhen höher als die Spiegellinie liegt. Bei Anwendnng des Ausdruckes (52a) von de Chézy bzw. des genaueren (56a) geht (66) in

(67) $$J = \frac{U^2}{c^2 R} - \frac{d\frac{U^2}{2g}}{dx} \quad \text{bzw.} = \frac{n^2 U^2}{R^{1,4}} - \frac{d\frac{U^2}{2g}}{dx}$$

über. Für die Wasserläute ist, von einigen Ausnahmsstellen abgesehen, J klein genug, um als Sinus oder Tangente des Neigungswinkels angesehen zu werden, auch darf man sich x sowohl in der Bettneigung als auch wagrecht gemessen denken.

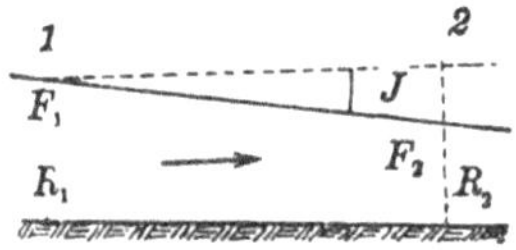

Abb. 71.

Die Gl. (66a) gestattet den Durchfluß zu berechnen, wenn man von zwei Flußstellen die Querschnitte F_1 und F_2, die Profilradien R_1 und R_2, sowie deren Entfernung l und den Spiegelhöhenunterschied h_{12} kennt. Die Strömung finde in der Richtung von F_1 nach F_2 statt. Die betrachtete Strecke hat als mittleren Querschnitt ungefähr

$$F = \tfrac{1}{2}(F_1 + F_2),$$

als mittleren Profilradius ungefähr

$$R = \tfrac{1}{2}(R_1 + R_2)$$

Betrachtet man nunmehr F und R als konstant und nennt man die Geschwindigkeiten, die in F_1, F und F_2 auftreten, U_1, U und U_2, so erhält man aus (67) die Gleichung

(68) $$h_{12} = Jl = \frac{U^2 l}{c^2 R} \quad \text{bzw.} \quad \frac{n^2 U^2 l}{R^{1,4}} - \frac{1}{2g}\int_0^l \frac{dU^2}{dx} dx$$

und weiter, weil der Durchfluß

$$FU = F_1 U_1 = F_2 U_2$$

der gleiche ist,

(68a) $$h_{12} = U^2\left[\frac{l}{c^2 R} \quad \text{bzw.} \quad \frac{n^2 l}{R^{1,4}} + \frac{1}{2g}\left(\frac{F^2}{F_2^2} - \frac{F^2}{F_1^2}\right)\right],$$

woraus sich U und $Q = FU$ ohne weiteres ergibt.

V. Strömung in offenen Läufen

Beispiel. Ein Fluß besitzt an einer Stelle einen Querschnitt von 32 m² Fläche und 48 m Umfang, und 52 m stromab nur mehr einen solchen von 24 m² Fläche und 30 m Umfang. Der Spiegel liegt an der zweiten Stelle 0,13 m tiefer als an der oberen. Wie groß ist der Durchfluß? — Wir haben $F = \frac{1}{2}(32+24) = 28$ m², $R = \frac{1}{2}(0,667+0,800) = 0,733$ m, $R^{1,4} = 0,647$ m^{1,4}; mit $n = 0,037$ folgt $n^2 l : R^{1,4} = 0,00137$. $52 : 0,647 = 0,110$ m^{-1}sec² und $h_{12} = 0,13 = U^2\left[0,110 + \frac{1}{19,62}\left(\left(\frac{28}{24}\right)^2 - \left(\frac{28}{32}\right)^2\right)\right] = U^2\left[0,110 + \frac{0,5955}{19,62}\right] = 0,140\, U^2$, $U = \sqrt{0,929} = 0,964$ msec^{-1}, $Q = 28 \cdot 0,964 = 27,0$ m³sec^{-1}.

In der ausübenden Technik hat man sich mit der ungleichförmigen Bewegung, am häufigsten bei den „*Staukurven*", zu befassen. Unter einer solchen versteht man die Kurve, welche der Wasserspiegel bildet, wenn er durch ein Hindernis, z. B. ein Wehr, genötigt wird, sich über die Lage zu erheben, die er bei der gleichförmigen Strömung einnehmen würde. Als bekannt kann hier der Durchfluß Q an jeder Stelle, ferner die Spiegelhöhe knapp am Hindernis, also am untersten Kurvenpunkt, gelten. Im allgemeinsten Fall, d. i. bei *unregelmäßigem* Bett, dessen Gestalt bekannt und dessen Füllhöhe unbekannt ist, zerlegt man den Lauf in Einzelstrecken, deren Spiegel als *gerade* betrachtet werden können. Da man die Spiegelhöhe im untersten Punkte des Spiegels kennt, weiß man auch den durchflossenen Querschnitt F_1 der *untersten Strecke* mit genügender Ge-

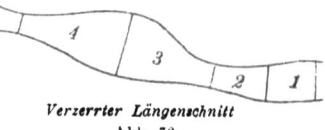

Verzerrter Längenschnitt
Abb. 72.

nauigkeit, um deren Spiegelgefälle J_1 bestimmen zu können. Dieser unterste Spiegel reicht bis zur zweiten Strecke, für die man nunmehr die Füllhöhe und den durchflossenen Querschnitt F_2 mit der erforderlichen Annäherung ermitteln kann. In dieser Weise geht man stromauf schrittweise weiter, wobei es meist zur Bestimmung einer Fläche F_n genügen wird, zunächst den verlängerten Spiegel vom Gefälle J_{n-1} als den tatsächlichen anzusehen. Gewöhnlich hat man es auch nicht nötig, die lebendigen Kräfte zu berücksichtigen, die besonders in Hindernisnähe sehr klein zu sein pflegen.

In einem *zylindrischen* Bett bilden die Querschnitte der verschiedenen Strecken Teile *derselben Figur*. Zeichnet man den Bettquerschnitt ein für allemal und zieht man wagrechte Gerade durch ihn, so stellen die aufeinanderfolgenden Quergeraden die Spiegel aufeinanderfolgender Streckengrenzen dar. Für jede Strecke kann man bei bekanntem Durchfluß Q sämtliche Größen der Gl. (68) oder (68 a) bis auf h_{12} und l angeben. Außerdem gilt, wenn man mit i das Sohlengefälle bezeichnet und mit Δh die zur betreffenden Strecke zugehörige Streifenhöhe, d. h. den Abstand des Anfangsspiegels vom Endspiegel der Strecke in der Querschnittfigur,

Stauspiegel als gebrochene Linie

(69) $$h_{12} = il - \triangle h,$$

so daß man durch Vereinigung von (68) oder (68a) mit (69) erhält:

$$il - \triangle h = \frac{n^2 l U^2}{R^{1,4}} + \frac{U_2^2}{2g} - \frac{U_1^2}{2g} \text{ und } = U^2\left[\frac{n^2 l}{R^{1,4}} + \frac{1}{2g}\left(\frac{F^2}{F_2^2} - \frac{F^2}{F_1^2}\right)\right]$$

(70) oder $l = \dfrac{\triangle h - \left(\dfrac{U_1^2}{2g} - \dfrac{U_2^2}{2g}\right)}{i - \dfrac{n^2 U^2}{R^{1,4}}}$ und $= \dfrac{\triangle h - \dfrac{U^2}{2g}\left(\dfrac{F^2}{F_1^2} - \dfrac{F^2}{F_2^2}\right)}{i - \dfrac{n^2 U^2}{R^{1,4}}}$ erhält.

Hier ist wieder vorausgesetzt, daß das Wasser von F_1 gegen F_2 fließe, und ist wieder das Glied $\dfrac{U_2^2}{2g} - \dfrac{U_1^2}{2g}$ häufig vernachlässigbar. Durch

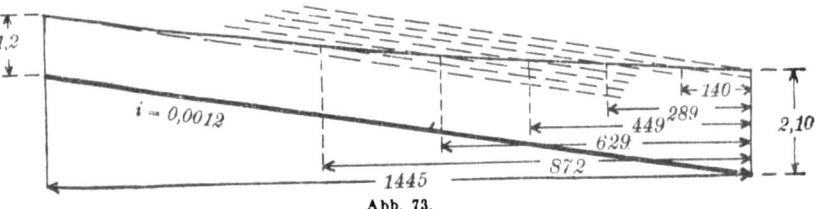

Abb. 73.

Eintragung der durch die Quergeraden gebildeten Streifen ins Längenprofil des Flusses, Auftragung der Längen l auf den Streifenlinien und Verbindung der so erhaltenen Punkte erhält man schließlich die Staukurve als gebrochene Linie, freilich als solche von endlicher Länge, während sie sich theoretisch erst im Unendlichen verliert. Je niedriger man die obersten Stufen wählt, desto weiter erstreckt sich der ermittelte Linienzug.

Beispiel. In einem Graben von $i = 0,0012$ Sohlenneigung, 6 m Sohlenbreite und beidseitig vierdrittelfüßigen Böschungen werde das Wasser von 1.20 m Tiefe auf 2.10 m Tiefe angestaut. Die Staukurve ist für $1:n = 47,0$ nach der Exponentialformel (56a) anzugeben. Für die gleichförmige Bewegung gilt dann auf der ungestauten Strecke $U = 47 R^{0,7} i^{0,5}$ und mit $F = 9,12$ m^2, $R = 0,91$ m, $R^{0,7} = 0,936$ m^{0,7} weiter $U = 1,52$ m sec^{-1} und Q für alle Strecken $= 9,12 \cdot 1,52 = 13,86$ m^3 sec^{-1}. Die nun folgende Rechnung, für welche h_{12} durchweg $= 0.15$ genommen wurde, läßt sich durch nachstehende Zahlentafel wiedergeben:

Höhe	F	Um-fang	R	$U = \dfrac{Q}{F}$	$R^{-1,4}$	$\dfrac{U^2}{2g}$	$\dfrac{U_1^2 - U_2^2}{2g}$	Zähler
m	m²	m	m	m sec^{-1}	m$^{-1,4}$	m	m	m
1,20	9,12	10	0,91	1,52	1,141	0,118	0,028	0,121
1,35	10,53	10,5	1,00	1,32	1,000	0,089	0,021	0,130
1,50	12,00	11	1,09	1,16	0,8864	0,069	0,016	0 134
1,65	13,53	11,5	1,18	1,02	0,7932	0,053	0,010	0,140
1,80	15,12	12	1,26	0,92	0,7236	0,043	0,007	0,143
1,95	16,77	12,5	1,34	0,88	0,6638	0,036	0,007	0,143
2,10	18,48	13	1,42	0,75	0,6121	0,029		

$\dfrac{n^2 U^2}{R^{1,4}}$	Mittel $\dfrac{n^2 U^2}{R^{1,4}}$	Nenner	l m	Nach Bazin Kat. III$^\text{b}$ oder $\gamma = 0{,}85$ wäre l in m
0,001 193				
0,000 789	0,000 991	0,000 211	573	560
0,000 540	0,000 665	0,000 535	243	240
0,000 374	0,000 457	0,000 743	180	179
0,000 277	0,000 325	0,000 875	160	159
0,000 207	0,000 242	0,000 958	149	149
0,000 156	0,000 181	0,000 019	140	140

Durch Addition der einzelnen l erhält man den Abstand vom Hindernis und gelangt zu folgender Staukurve:

Stauhöhe . . . . m 0,90 0,75 0,60 0,45 0,30 0,15 0
Entfernung vom Hindernis m   0   140 289 449 629 872 1445

Ähnlich ließe sich vorgehen, wenn z. B. der Absturz über eine Stufe eine Senkung des normalen Spiegels hervorbrächte.

6. Stau- und Senkungskurve in sehr breitem Bett.

Als Grundgl. (67) der mit dem Ort veränderlichen stationären Strömung fanden wir oben bei Messung der x stromauf

$$J = \frac{U^2}{c^2 R} - \frac{d\dfrac{U^2}{2g}}{dx}.$$

Beschränken wir uns auf den einfachen Fall eines sehr breiten Bettes mit quer zum Gerinne wagrechter Sohle, so stimmt der Profilradius durchweg mit der Wassertiefe h überein. Für ungestauten und ungesenkten Spiegel oder im Unendlichen nehme die Tiefe h den Sonderwert h_0 und die Geschwindigkeit U den Sonderwert U_0 an. Das Längsgefälle der Sohle sei gleichmäßig i. Messen wir dann noch die x stromab, so können wir (67) in der Form

(71) $\qquad i - \dfrac{dh}{dx} = \dfrac{U^2}{c^2 h} + \dfrac{1}{2g}\dfrac{dU^2}{dx}$

schreiben, worin wegen der Unveränderlichkeit des Durchflusses

$$Uh = U_0 h_0 = c\sqrt{h_0 i} \cdot h_0 \qquad \text{ist.}$$

Hieraus geht $\quad U^2 = \dfrac{c^2 i h_0^3}{h^2}\quad$ und $\quad\dfrac{dU^2}{dx} = -\dfrac{2 c^2 i h_0^3}{h^3}\cdot\dfrac{dh}{dx}$

hervor, wonach sich (71) auch

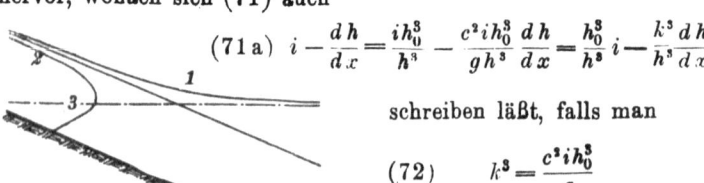

Abb. 74

(71a) $\quad i - \dfrac{dh}{dx} = \dfrac{i h_0^3}{h^3} - \dfrac{c^2 i h_0^3}{g h^3}\dfrac{dh}{dx} = \dfrac{h_0^3}{h^3} i - \dfrac{k^3}{h^3}\dfrac{dh}{dx}$

schreiben läßt, falls man

(72) $\qquad k^3 = \dfrac{c^2 i h_0^3}{g}$

setzt.

Differentialgleichung. Stau und Senkung bei großer Breite

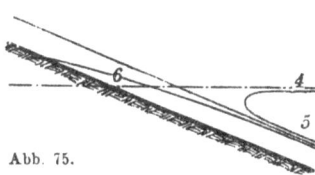

Abb. 75.

Eine weitere kleine Verwandlung macht schließlich aus (71a) die Differentialgleichung

(72a) $\quad i\,dx = \dfrac{h^3 - k^3}{h^3 - h_0^3}\,dh,$

deren Integration und Auftragung in verzerrtem Maßstab der Wirklichkeit die beigezeichneten beiden Kurven liefert, von denen die obere dem Falle $k < h_0$, die untere dem Falle $k > h_0$ entspricht. Jede Kurve zeigt drei Äste, welchen von oben nach unten aufgezählt folgende Bedeutung zukommt:

$i < \dfrac{g}{c^2}$ (Fluß) oder $k < h_0$ oder $\dfrac{q^2}{g} < h_0^3$		
1. oberer Ast	2. mittlerer Ast	3. unterer Ast
Stau durch ein stromab gelegenes Hindernis.	Senkung infolge einer stromab gelegenen Ursache, z. B. einer Stufe.	Heftige Strömung aus einer stromauf gelegenen Öffnung.

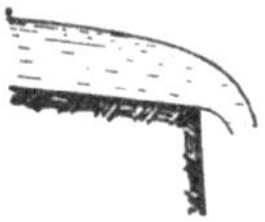

$i > \dfrac{g}{c^2}$ (Wildbach) oder $h > h_0$ oder $\dfrac{q^2}{g} > h_0^3$		
4. oberer Ast	5. mittlerer Ast	6. unterer Ast
Stau durch ein stromab gelegenes Hindernis.	Zulauf aus einer stromauf gelegenen Strecke mit flacherem Gefälle oder aus einem Becken.	Heftige Strömung aus einer stromauf gelegenen Öffnung.

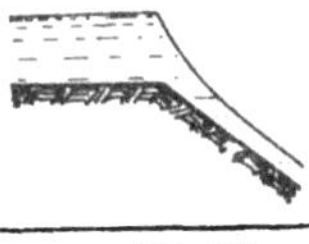

Abb. 76.

7. Die verschiedenen Fließweisen.

Eine praktisch wichtige Folge dieses Zerfallens der Wasserläufe in zwei Klassen ist die, daß, wenn das Gefälle den Grenzwert $\dfrac{g}{c^2}$ überschreitet, der Stau nur eine beschränkte Länge hat, weil der Spiegel einen *Bidone*schen „*Wassersprung*" (eine Wasserschwelle) bilden, nämlich aus der tiefen Lage ziemlich steil in die höhere ansteigen kann. Keinesfalls erstreckt sich der Stau bei den Wildbächen weiter als bis zur Stelle, wo eine über dem Hindernis, z. B. dem Wehr, in Spiegelhöhe gezogene Wagrechte den ungestauten Spiegel schneidet. Bei natürlichen Läufen liegt c im allgemeinen zwischen 30 und 50 m$^{1/2}$ sec^{-1}, daher, soweit die Kurvengleichung als genau gelten kann, das Grenzgefälle zwischen 11 und 4 $^0/_{00}$; bei künstlichen Gerinnen kann c über 80 m$^{1/2}$ sec^{-1} steigen, also die Scheidung schon bei einem Sohlengefälle i von 1,5 $^0/_{00}$ liegen.

Die beiden Klassen von Wasserläufen weisen außer dem erwähnten Unterschiede noch erhebliche andere auf, welche *Th. Rehbock* veranlaßt haben, das Fließen in den einen als *Strömen*, in den anderen als *Schießen* zu bezeichnen. So bewirkt eine Querschnittsverkleinerung (Zusammenziehung der Ufer, Hebung der Sohle, Pfeilereinbau) beim

strömenden (oder stillen) Wasser: schießenden (oder wilden) Wasser:
Senkung des Spiegels,   Hebung des Spiegels,
Tiefenabnahme,   Tiefenzunahme
Geschwindigkeitszunahme   Geschwindigkeitsabnahme

Wesentlich ist es auch, daß in Flüssen das Wasser in seinem Verhalten von den Vorgängen in seinem Unterlauf, in Wildbächen hingegen von denen im Oberlauf beherrscht wird.

Da der Durchfluß der Breiteneinheit eines breiten Wasserlaufes

$$q = Uh_0 = ci^{1/2}h_0^{3/2}$$

ist, so gilt für den Grenzzustand, für den $c^2 i = g$ gefunden wurde. ebensowohl

(73) $\qquad q^2 = gh_0^3 \quad \text{oder} \quad h_0 = \sqrt[3]{\frac{q^2}{g}}.$

Dem als gegeben zu betrachtenden Durchfluß kommt also eine bestimmte *Grenztiefe* zu; hat zufällig der Lauf eine ihr naheliegende Tiefe, so zeigt er die Neigung zu plötzlichen starken Tiefenzu- oder -abnahmen.

Die besprochene Bewegung ist wirbelnd, wie denn eine Bewegung in Schichten, von Rehbock *Gleiten* genannt, außerordentlich selten ist und in der Natur am ehesten bei geringen Tiefen beobachtet wird.

Zuweilen bilden sich die eigentümlichen *Wanderwellen* in Wildbachschalen, auf dünn überronnenen steilen Platten u. dgl., bei denen der Längenschnitt des Spiegels die Form einer Säge annimmt, welche schneller als das Wasser selbst abwärts eilt. So oft ein Wanderwellenkopf eine Wassermasse einholt, beschleunigt sich diese, um sich dann allmählich zu verlangsamen. Endet das Gerinne mit einem Absturz, so veranlaßt die geschilderte Fließweise einen ungleichförmigen stoßweisen Erguß.

8. Ermittelung der Stau- und Senkungskurven mit Hilfstafeln.

Die Berechnung der Staukurven erfolgt in der Praxis meistens für Bäche und Flüsse, in denen ein Wehr zu errichten ist oder erbaut wurde. In der Nähe des Wehres ist dann die Strömung im allgemeinen so langsam, daß man hier die Geschwindigkeitshöhe vernachlässigen kann; erstreckt man aber die Untersuchung auf große Entfernung vom Wehr, so hat man es mit so vielen Ungenauigkeiten — Abweichungen des Querschnittes, des Sohlengefälles, der Rauheit — zu tun, daß es auf die eine Vernachlässigung mehr, deren Größe übrigens, wie wir sehen werden, bestimmbar ist, in der Regel auch nicht ankommt. Bei uns werden daher die Stau- und Senkungskurven gewöhnlich ohne Berücksichtigung der lebendigen Kraft berechnet, wobei man freilich nicht so weit gehen darf, einen „Wildbach" als „Fluß" zu behandeln.

Bei vernachlässigter Höhe $\frac{U^2}{2g}$ vereinfacht sich die für sehr breite Gerinne von wagrechter Querschnittssohle und vom Längsgefälle i der Sohle aufgestellte Differentialgleichung (71) zu

$$(74) \qquad J = i - \frac{dh}{dx} = \frac{U^2}{c^2 h}.$$

Aus ihr folgt für den Durchfluß der Breiteneinheit, der bis ins Unendliche überall derselbe bleibt,

$$(74\,\text{a}) \quad Uh = c\sqrt{Jh}\cdot h = c\left(i - \frac{dh}{dx}\right)^{1/2} h^{3/2} = c\, i^{1/2}\, h_0^{3/2}$$

oder $\qquad c^2\left(i - \frac{dh}{dx}\right)\cdot h^3 = c^2 i h_0^3$

oder $\qquad i(h^3 - h_0^3)\, dx = h^3\, dh$

$$(74\,\text{b}) \quad \text{oder} \qquad i\, dx = \frac{h^3}{h^3 - h_0^3}\, dh.$$

Bezeichnet man nunmehr mit y die Erhebung über den ursprünglichen ungestauten Spiegel an der Stelle x, setzt man nämlich

$$(74\,\text{c}) \qquad h = h_0 + y,$$

so hat man $\qquad \frac{dh}{dx} = \frac{dy}{dx},$

und man erhält statt (74 b) die neue Gleichung

$$(74\,\text{d}) \quad i\, dx = \frac{(h_0+y)^3}{(h_0+y)^3 - h_0^3}\, dy = \left(1 + \frac{1}{3\frac{y}{h_0} + 3\frac{y^2}{h_0^2} + \frac{y^3}{h_0^3}}\right) dy =$$

$$= \left(\frac{1}{3}\frac{h_0}{y} + \frac{2}{3} + \frac{2}{9}\frac{y}{h_0} - \frac{1}{9}\frac{y^2}{h_0^2} + \frac{1}{27}\frac{y^3}{h_0^3} - \cdots\right) dy,$$

deren Integration mit nachfolgender Division durch h_0 die Staukurve

$$(74\,\text{e}) \quad \frac{ix}{h_0} = \frac{1}{3}\log\text{nat}\frac{y}{h_0} + \frac{2}{3}\frac{y}{h_0} + \frac{1}{9}\frac{y^2}{h_0^2} - \frac{1}{27}\frac{y^3}{h_0^3} + \cdots + \text{konst} = \Sigma\frac{y}{h_0}$$

ergibt, worin $\Sigma\frac{y}{h_0}$ die soeben erhaltene Funktion von $\frac{y}{h_0}$ bedeutet.

Mit y als Senkung unter den ursprünglichen Spiegel, also mit

$$(75) \qquad h = h_0 - y$$

muß die Gleichung der Senkungskurve aus Gl. (74 d) unmittelbar hervorgehen, wenn man y durch $-y$ ersetzt. Man erhält so mit einer durch den Logarithmus verursachten Konstantenänderung

$$(75\,\mathrm{a})\;\frac{ix}{h_0} = \frac{1}{3}\log\mathrm{nat}\,\frac{y}{h_0} - \frac{2}{3}\frac{y}{h_0} + \frac{1}{9}\frac{y^2}{h_0^2} + \frac{1}{27}\frac{y^3}{h_0^3} + \cdots + \mathrm{konst} = T\frac{y}{h_0},$$

worin T die neue Funktion bezeichnet.

Für die Beziehung der Entfernung zweier Spiegelpunkte zu ihrem Tiefenunterschied gilt hiernach bei Stau bzw. Senkung

$$(76)\;\frac{i}{h_0}(x_2-x_1) = \Sigma\!\left(\frac{y_2}{h_0}\right) - \Sigma\!\left(\frac{y_1}{h_0}\right)\;\text{bzw.}\;\frac{i}{h_0}(x_2-x_1) = T\!\left(\frac{y_2}{h_0}\right) - T\!\left(\frac{y_1}{h_0}\right).$$

Für die Auswertung beider Linien hat *M. Rühlmann* (in Hannover 1861) je eine von *Gödecker* berechnete Tabelle veröffentlicht, die mit einer kleinen Verbesserung hier im Anhang beigefügt sind. Da die y erst im Unendlichen verschwinden, konnten die x nicht vom Punkte aus gemessen werden, wo $y = 0$ ist, und wurde der Ursprung in den Tabellen dort gewählt, wo y sich auf $0{,}0098\,h_0$ eingeschrumpft zeigte.

Zum Schlusse sei noch bemerkt, daß gemäß Gl. (74 d)

$$(76\,\mathrm{a})\qquad 1 + \frac{1}{3\dfrac{y}{h_0} + 3\dfrac{y^2}{h_0^2} + \dfrac{y^3}{h_0^3}} = h_0\,\frac{d\,\Sigma\!\left(\dfrac{y}{h_0}\right)}{dy}\qquad\text{ist.}$$

Beispiele. 1. Ein Fluß habe ungestaut eine mittlere Tiefe $h_0 = 0{,}9$ m und ein Gefälle $i = 0{,}0013$. Durch ein Wehr werde ein Stau $y_2 = 2$ m erzeugt. In welcher Entfernung vom Wehr beträgt der Stau y_1 noch $0{,}5$ m? — Am Wehr ist $y_2 : h_0 = 2{,}0 : 0{,}9 = 2{,}222$. Nach der Tafel ist für $y_2 : h_0 = 2{,}200$ bzw. $2{,}300$ die Funktion $\Sigma\!\left(\dfrac{y_2}{h_0}\right) = \dfrac{ix_2}{h_0} = 3{,}5664$ bzw. $3{,}6694$. Die Interpolation gibt $3{,}5893$ (wonach der Abszissenursprung 2485 m stromauf vom Wehr zu liegen kommt). Für $y_1 = 0{,}5$ wird $y_1 : h_0 = 0{,}5 : 0{,}9 = 0{,}5555$ und nach der Tafel $\Sigma\!\left(\dfrac{y_1}{h_0}\right) = \dfrac{ix_1}{h_0} = 1{,}7876$. Es folgt für die gesuchte Entfernung $x_2 - x_1 = h_0\left[\Sigma\!\left(\dfrac{y_2}{h_0}\right) - \Sigma\!\left(\dfrac{y_1}{h_0}\right)\right] : i =$
$= 0{,}9 \cdot 1{,}8517 : 0{,}0013 = 1282$ m.

2. Wie hoch ist in diesem Fluß der Stau 450 m oberhalb des Wehres? — Nunmehr ist $x_2 - x_1 = 450 = 0{,}9\left[3{,}5893 - \Sigma\!\left(\dfrac{y_1}{h_0}\right)\right] : 0{,}0013$ oder $0{,}65 =$
$= 3{,}5893 - \Sigma\!\left(\dfrac{y_1}{h_0}\right)$ oder $\Sigma\!\left(\dfrac{y_1}{h_0}\right) = 2{,}9393$ oder nach der Tafel $\dfrac{y_1}{h_0} = 1{,}599$, daher der gesuchte Stau $y_1 = 1{,}599 \cdot 0{,}9 = 1{,}44$ m.

3. In einem Fluß von $h_0 = 1{,}2$ m Tiefe und $i = 0{,}0002$ Sohlengefälle werde durch Baggerung $0{,}5$ m Absenkung erzielt. In welcher Entfernung stromauf beträgt die Senkung nur mehr $0{,}3$ m? — Für $y_2 : h_0 = 0{,}5 : 1{,}2 = 0{,}4167$ wird $T_2 = 0{,}9877$ und für $y_1 : h_0 = 0{,}3 : 1{,}2 = 0{,}25$ wird $T_1 = 0{,}9138$, wonach die Lösung $h_0\,(T_2 - T_1) : i = 1{,}2 \cdot 0{,}0739 : 0{,}0002 = 443$ m lautet.

Bäche und Flüsse folgen besser dem Gesetze Hermaneks (60) $U = c_1\,T^{3/4}\,J^{1/2}$ als dem de Chézys. Dieser Umstand bewog *F. Schaffer-*

Stau nach Schaffernak

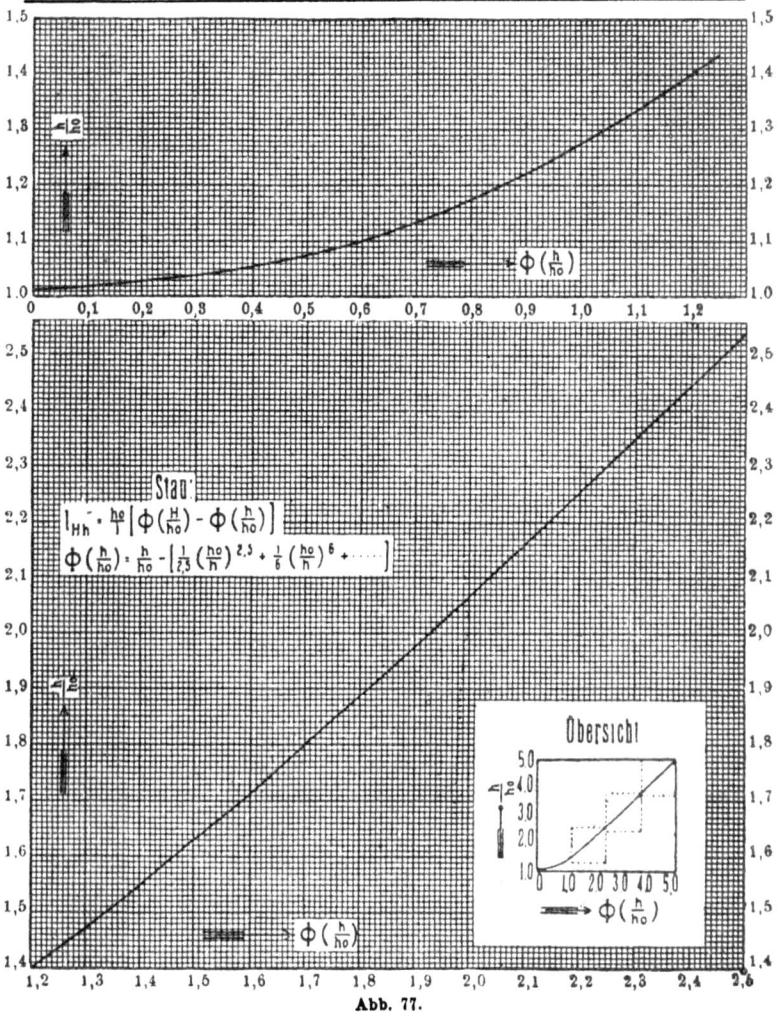

Abb. 77.

nak, eine ähnliche Ableitung wie die Rühlmanns unter Zugrundelegung von (60) vorzunehmen. Die Länge der Strecke, in der die Tiefe stromauf von H auf h abnimmt, findet er

(77) $$l_{Hh} = \frac{h}{i}\Big[\Phi\Big(\frac{H}{h_0}\Big) - \Phi\Big(\frac{h}{h_0}\Big)\Big],$$

worin Φ eine bestimmte Funktion bedeutet, deren Größe für das gegebene Argument man aus einer von ihm ausgearbeiteten graphischen Tafel entnehmen kann.[1])

[1]) Entsprechende graphische Tafeln *Schaffernaks* für Senkungskurven finden sich in Forchheimers Hydraulik S. 130 u. 131.

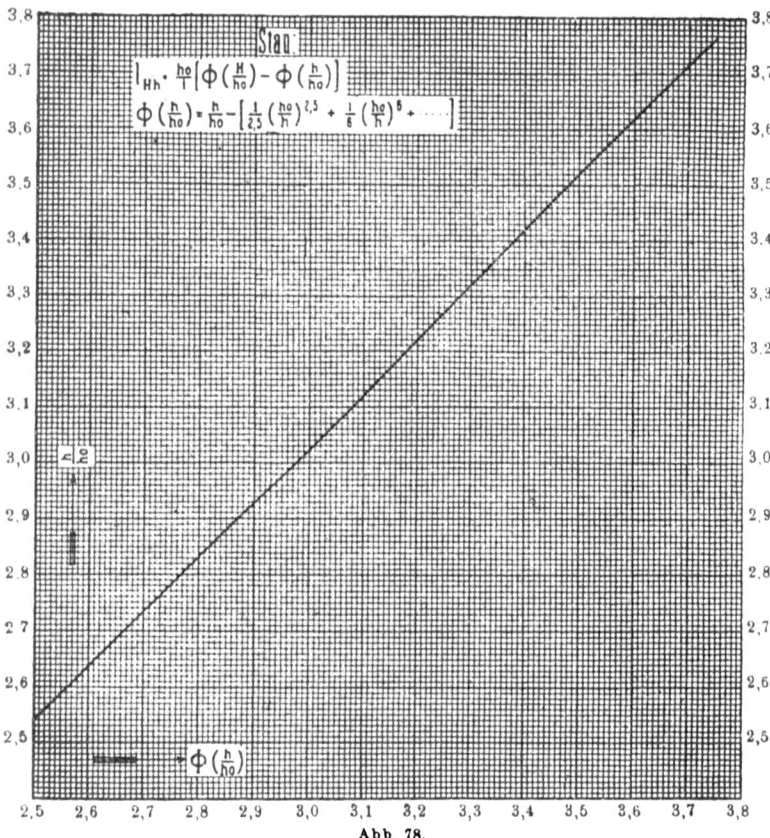

Abb. 78.

Beispiel. Für obiges Beispiel 1 erhält man mit Schaffernaks Tafel

$$l_{Hh} = \frac{0,9}{0,0013}\left[\Phi\left(\frac{2,9}{0,9}\right) - \Phi\left(\frac{1,4}{0,9}\right)\right] = \frac{0,9}{0,0013}[\Phi(3,222) - \Phi(1,556)] =$$

$$= \frac{0,9}{0,0013}[3,204 - 1,405] = 1245 \text{ m statt der früheren Lösung von}$$

1285 m.

Für die Benützung der besprochenen Tafeln war nur die Kenntnis der Wassertiefe h_0 der ungestauten Strecke, nicht die der Rauhigkeit nötig. Vermag man diese und hiermit das c de Chézys einzuschätzen, so ist eine Ergänzung der Berechnung, nämlich eine Berücksichtigung der Geschwindigkeitshöhe wie folgt durchführbar.

Gl. (71a) lautete $\quad i - \dfrac{dh}{dx} = \dfrac{ih_0^3}{h^3} - \dfrac{c^2 i h_0^3}{gh^3}\dfrac{dh}{dx}.$

Daher ist bei Beibehaltung der alten Bezeichnungsweise

$$i\left(1 - \frac{h_0^3}{h^3}\right)dx = \left(1 - \frac{c^2 i h_0^3}{gh^3}\right)dh$$

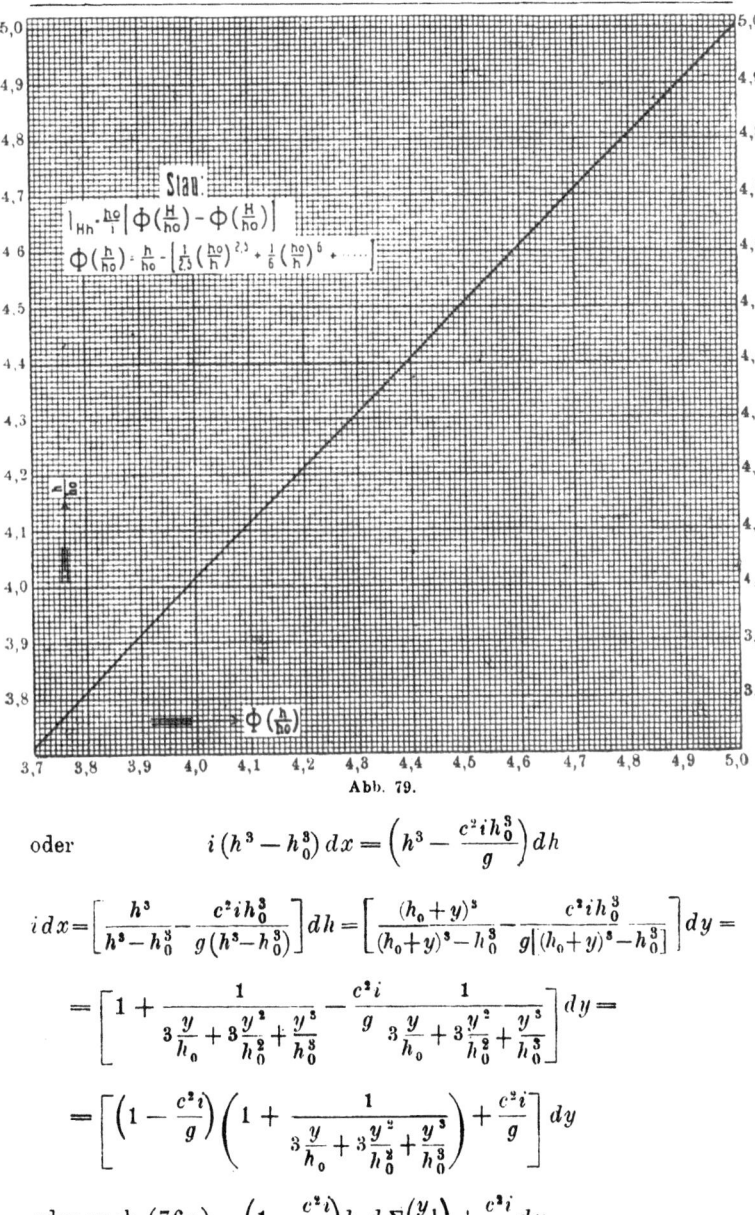

Abb. 79.

oder
$$i(h^3 - h_0^3)\,dx = \left(h^3 - \frac{c^2 i h_0^3}{g}\right)dh$$

$$i\,dx = \left[\frac{h^3}{h^3 - h_0^3} - \frac{c^2 i h_0^3}{g(h^3 - h_0^3)}\right]dh = \left[\frac{(h_0+y)^3}{(h_0+y)^3 - h_0^3} - \frac{c^2 i h_0^3}{g[(h_0+y)^3 - h_0^3]}\right]dy =$$

$$= \left[1 + \frac{1}{3\dfrac{y}{h_0} + 3\dfrac{y^2}{h_0^2} + \dfrac{y^3}{h_0^3}} - \frac{c^2 i}{g}\,\frac{1}{3\dfrac{y}{h_0} + 3\dfrac{y^2}{h_0^2} + \dfrac{y^3}{h_0^3}}\right]dy =$$

$$= \left[\left(1 - \frac{c^2 i}{g}\right)\left(1 + \frac{1}{3\dfrac{y}{h_0} + 3\dfrac{y^2}{h_0^2} + \dfrac{y^3}{h_0^3}}\right) + \frac{c^2 i}{g}\right]dy$$

oder nach (76a) $= \left(1 - \dfrac{c^2 i}{g}\right) h_0\,d\varSigma\!\left(\dfrac{y_1}{h_0}\right) + \dfrac{c^2 i}{g}\,dy.$

Die Integration mit darauf folgender Division beider Gleichungsseiten durch h_0 liefert

$$\frac{ix}{h_0} = \left(1 - \frac{c^2 i}{g}\right) \Sigma\left(\frac{y}{h_0}\right) + \frac{c^2 i}{g} \frac{y}{h_0} + \text{konst,}$$

wonach zwischen zwei Punkten x_1, y_1 und x_2, y_2 eines **Stauspiegels** die Beziehung

$$\frac{i}{h_0}(x_2 - x_1) = \left(1 - \frac{c^2 i}{g}\right)\left[\Sigma\left(\frac{y_2}{h_0}\right) - \Sigma\left(\frac{y_1}{h_0}\right)\right] + \frac{c^2 i}{g}\left(\frac{y_2}{h_0} - \frac{y_1}{h_0}\right)$$

(78) oder $\quad x_2 - x_1 = \frac{h_0}{i}\left[\Sigma\left(\frac{y_2}{h_0}\right) - \Sigma\left(\frac{y}{h_0}\right)\right]\left(1 - \frac{c^2 i}{g}\right) + \frac{c^2}{g}(y_2 - y_1)$

besteht, deren Anwendung um so einfacher ist, als $\frac{h_0}{i}\left[\Sigma\left(\frac{y_2}{h_0}\right) - \Sigma\left(\frac{y_1}{h_0}\right)\right]$ die Entfernung $x_2 - x_1$ bei Außerachtlassung der Geschwindigkeitshöhe darstellt.

Ganz ähnlich findet sich für einen Senkungsspiegel

(78a) $\quad (x_2 - x_1) = \frac{h_0}{i}\left[\varUpsilon\left(\frac{y_2}{h_0}\right) - \varUpsilon\left(\frac{y_1}{h_0}\right)\right]\left(1 - \frac{c^2 i}{g}\right) - \frac{c^2}{g}(y_2 - y_1),$

wobei nunmehr die y Senkungen bedeuten.

Beispiel. Für das vorhergehende Staubeispiel 1 haben wir, wenn wir $c = 40 \text{ m}^{1/2}\text{ sec}^{-1}$ schätzen, da wir $\frac{h_0}{i}\left[\Sigma\left(\frac{y_2}{h_0}\right) - \Sigma\left(\frac{y_1}{h_0}\right)\right]$ bereits kennen,
$x_2 - x_1 = 1289\left(1 - \frac{1600 \cdot 0{,}0013}{9{,}81}\right) + \frac{1600}{9{,}81}(2{,}0 - 0{,}5 =) 1289 \cdot 0{,}788 + 244 =$
$= 1259$ m.

Für das vorhergehende Senkungsbeispiel 3 haben wir, wenn $c =$
$= 40 \text{ m}^{1/2}\text{ sec}^{-1}$ ist, $x_2 - x_1 = 443\left(1 - \frac{1600 \cdot 0{,}0002}{9{,}81}\right) - \frac{1600}{9{,}81}(0{,}5 - 0{,}3) =$
$= 443 \cdot 0{,}967 - 33 = 395$ m. — Bei zunehmender Glätte tritt die Geschwindigkeitshöhe stärker in Wirkung, ändert beispielsweise für $c =$
$= 80 \text{ m}^{1/2}\text{ sec}^{-1}$ die Längen $x_2 - x_1$ in 255 m um.

9. Brückenstau.

Von den Einzelhindernissen der Bewegung in offenen Läufen hat man wohl den Brückenpfeilern am meisten Beachtung geschenkt. In den Strom gebaute Pfeiler erzeugen zunächst einen Höhenunterschied zwischen dem unmittelbar oberhalb der Brücke gelegenen und dem innerhalb der Pfeiler befindlichen Spiegel, welchen Höhenunterschied man als *scheinbaren Stau* bezeichnen kann. Diese wesentlich zur Beschleunigung des Wassers aufgewendete Druckhöhe wird zum Teil dadurch wiedergewonnen, daß sich nach Austritt aus dem verengten Raum der Spiegel wieder hebt. Er nimmt schließlich eine Lage an, die um den *wirklichen Brückenstau* tiefer als der Spiegel des Oberwassers liegt. Unter der Voraussetzung, daß es sich um einen „Fluß" handelt, wie das zumeist der Fall sein wird, werden die Bewegungserscheinungen gemäß dem auf S. 66 Gesagten vom

Unterlauf beherrscht, was in diesem Fall bedeutet, daß der Unterwasserspiegel in einiger Entfernung von der Brücke durch den Pfeilereinbau nicht geändert und der Oberwasserspiegel um die Stauhöhe gehoben wird.

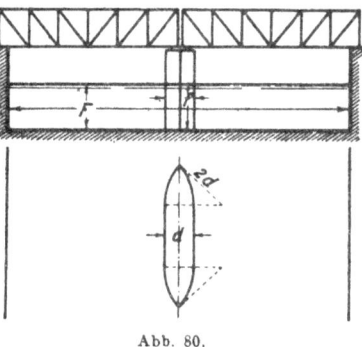

Abb. 80.

Diese Größe hängt von der zu verrichtenden Reibungsarbeit ab, so daß heute nur Versuche über sie Aufschluß geben können. Auf Grund solcher Versuche hat *Th. Rehbock* in Karlsruhe 1919 Formeln veröffentlicht. Bezeichnet F den durchflossenen Querschnitt des Flusses ohne Einbauten in m², f den im ungestauten Fluß durch die Einbauten ausgefüllten Teil von F in m², U die mittlere Geschwindigkeit im Fluß ohne Einbauten in m sec⁻¹, so gilt für rein strömenden Durchfluß, d. i. für die meisten größeren Brücken bei einer Tiefe h des ungestauten Laufes für den wirklichen Stau

$$(79) \quad z = \left(0{,}72 + 1{,}2 \frac{f}{F} + 40 \frac{f^4}{F^4}\right)\left(1 + \frac{U^2}{gh}\right)\frac{f}{F}\frac{U^2}{2g}.$$

Übersteigt bei der abgebildeten Pfeilerform die Verbauung, d. i. der Bruch $f:F$ den Grenzwert

$$(79\,\mathrm{a}) \quad \frac{1}{0{,}97 + 21\dfrac{U^2}{2gh}} - 0{,}13,$$

so tritt der strömende Abfluß mit teilweisem Fließwechsel ein' d. h. das Wasser geht zwischen den Pfeilern vom „Strömen" ins „Schießen" über. Das läßt sich bei bestehenden Brücken leicht feststellen, weil dann über die ganze Flußbreite hinüberziehende Deckwalzen mit ihrer an der Oberfläche herrschenden Gegenströmung auftreten. Dann kann die Stauhöhe für Verbauungen $f:F$ zwischen 0,06 und 0,30 mit ausreichender Genauigkeit aus der Formel

$$(79\,\mathrm{b}) \quad z = \left(21{,}5 \frac{f}{F} + 33 \frac{U^2}{2gh} - 6{,}6\right)\frac{f}{F}\frac{U^2}{2g}$$

berechnet werden. Trennen sich die Deckwalzen vom Pfeilerende, indem sie im Fluß weiter abwärts wandern, so liegt der volle Fließwechsel vor und der Ausdruck (79 b) gilt nicht mehr.

10. Wellenfortschritt in Wasserläufen und Schwall.

Bei den mit der Zeit veränderlichen Vorgängen tritt neben den Geschwindigkeiten wirklicher Körper noch der Fortschritt ihrer Zustandsveränderung in den Gedankenkreis der Forschung. Es ist zweckmäßig, dessen Geschwindigkeit durch einen eigenen Namen zu kennzeichnen, als welcher sich der der *Schnelligkeit* empfiehlt. Dies vorausgeschickt, werde nach dem Vorbilde *de Saint-Venants* (1870) zur Berechnung der Schnelligkeit geschritten, mit der Wellen über Wasserflächen dahineilen.

Es werde angenommen, daß sich auf dem Spiegel ruhenden Wassers von der Tiefe H eine Stufe von der Höhe h befinde, und es werde eine unter der Stufe befindliche Wassersäule betrachtet, die parallel zur Stufe die Breite 1 besitzt. Dann steht die Wassersäule auf einer Seite unter einem Wasserdruck $\gamma \frac{(H+h)^2}{2}$, auf der andern unter einem solchen $\gamma \frac{H^2}{2}$, deren Unterschied

(80) $$\gamma \left(\frac{H^2 + 2Hh + h^2}{2}\right) - \gamma \frac{H^2}{2} = \gamma H h + \gamma \frac{h^2}{2}$$

beträgt. Schreitet die Stufe mit der Schnelligkeit ω fort, so vermehrt sich das Wasservolum in der Zeiteinheit um $\omega \cdot h$, und da ebensoviel von der tieferen Seite ständig nachfließen muß, folgt für die Fließgeschwindigkeit U

(80a) $$\omega h = U(H+h)$$

(80b) oder $$U = \frac{h}{H+h} \omega.$$

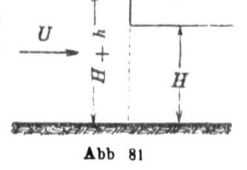

Abb. 81

In der Zeiteinheit gerät bei dem Fortschritt der Welle eine vorher ruhende Wassermenge ωH in Bewegung, und zwar durch den Druckunterschied Gl. (80). Daher gilt hier nach dem Impulssatz

$$\text{Masse} \times \text{Beschleunigung} = \frac{\gamma}{g} H \omega \cdot U = \gamma H h + \frac{\gamma h^2}{2}$$

oder in Hinblick auf Gl. (80a)

$$\frac{H h \omega^2}{g(H+h)} = H h + \frac{h^2}{2}$$

oder $$\omega^2 = g \frac{\left(H + \frac{h}{2}\right)(H+h)}{H} = g \frac{H^2 + \frac{3}{2} H h + \frac{h^2}{2}}{H} =$$

$$= \text{ungefähr } g \left(H + \frac{3}{2} h\right)$$

(80c) oder $$\omega = \sqrt{g \left(H + \frac{3}{2} h\right)}.$$

Kommt zur eben betrachteten Bewegung eine Fließgeschwindigkeit U_1 hinzu, so schreitet die Welle näherungsweise

(80d) $\begin{cases} \text{abwärts mit der Schnelligkeit } \omega + U_1 = \sqrt{g\left(H + \frac{3}{2}h\right)} + U_1 \\ \text{aufwärts mit der Schnelligkeit } \omega - U_1 = \sqrt{g\left(H + \frac{3}{2}h\right)} - U_1 \end{cases}$

fort. Hier ist nach de Chézys Gl. (52) bei einem Gefälle i der Bach-, Fluß- oder Gerinnesohle $U_1 = c\sqrt{Hi}$,

so daß $\omega - U_1$ nur positiv bleibt, wenn

$$\sqrt{g\left(H + \frac{3}{2}h\right)} > c\sqrt{Hi}$$

oder bei niedrigen Wellen also vernachlässigbarem h, wenn

(80e) $\qquad i < \dfrac{g}{c^2}$

ist. Diesen selben Grenzwert von i fanden wir schon oben, als Unterscheidungsmerkmal zwischen „Flüssen" und „Wildbächen", und so erkennen wir, daß nur in ersteren oder entsprechend flachfallenden Gerinnen kleine Wellen *stromauf* zu *wandern* vermögen.

Handelt es sich nicht um einzelne Wellen, sondern um eine dauernde Verstärkung der Strömung, so entsteht ein *Schwall*, und zwar ein stromabwandernder *Füllschwall* oder ein stromaufwandernder *Stauschwall*. Letzterer bildet sich, wenn der Abfluß aus einem Gerinne gehemmt wird. Geschieht dies plötzlich und bezeichnet U die Strömungsgeschwindigkeit, ω die Schnelligkeit, F den ursprünglichen Wasserquerschnitt, y die Stufenbreite in halber Stufenhöhe und h die Stufenhöhe, so gilt bei beliebigem Querschnitt und plötzlicher Hemmung des Abflusses das Gesetz

$$\text{Masse} \cdot \text{Verzögerung} = \text{Kraft}$$

oder $\qquad \gamma \dfrac{(U+\omega)F}{g} U = \gamma F h\,;$

ferner, weil die Wassermasse sich nicht ändern darf,

$$UF = \omega y h \quad \text{oder} \quad h = \dfrac{UF}{\omega y}.$$

In die vorstehende Gleichung eingesetzt, gibt das

$$\gamma \dfrac{(U+\omega)F}{g} U = \gamma F \dfrac{UF}{\omega y} \quad \text{oder} \quad \dfrac{U+\omega}{g} = \dfrac{F}{\omega y} \quad \text{oder} \quad \omega^2 + U\omega = \dfrac{gF}{y}.$$

Hieraus folgt

(80f) $\qquad \omega = -\dfrac{U}{2} + \sqrt{\dfrac{gF}{y} + \dfrac{U^2}{4}}$

und $\qquad U + \omega = \dfrac{U}{2} + \sqrt{\dfrac{gF}{y} + \dfrac{U^2}{4}}$

(80g) oder $h = (U+\omega)\dfrac{U}{g} = \dfrac{U^2}{2g} + \sqrt{\left(\dfrac{U^2}{2g}\right)^2 + 2\dfrac{F}{y}\dfrac{U^2}{2g}}$, worin h von y abhängig ist und $= \beta(y-b)$ gesetzt werden kann, wenn b die Breite des ungestauten Querschnittes F bedeutet und β eine Konstante ist. Hiermit geht Gl. (80g) in

(80h) $$\beta(y-b) = \frac{U^2}{2g} + \sqrt{\left(\frac{U}{2g}\right)^2 + 2\frac{F}{y}\frac{U^2}{2g}}$$

über oder in

(80i) $$(y-b)^2 - \frac{U^2}{g}(y-b) = \frac{U^2 F}{g\beta y}.$$

Beispiel. Bei regelmäßigem Betrieb hat der Werkgraben an seiner Mündung eine 10 m breite Sohle, eine Tiefe von 2 m und Böschungen, die unter $1:1\frac{1}{2}$ ansteigen, hat also einen Querschnitt von $F = 26$ m² und wird mit einer Geschwindigkeit von $U = 1{,}2$ msec^{-1} durchflossen. Wie groß ist der Stau bei plötzlicher Absperrung des Grabens? — Gl. (80i) lautet: $(y-16)^2 - \dfrac{1{,}44}{9{,}81}(y-16) = \dfrac{1{,}44}{9{,}81}\dfrac{3}{2}\dfrac{26}{y}$ und liefert $y = 16{,}66$ m oder zeigt, daß die Überstauung $h = \dfrac{2}{3}(y-b) = \dfrac{1{,}32}{3} =$
$= 0{,}44$ m beträgt. Hierbei ist die Schnelligkeit des Fortschreitens der Welle nach (80f) $\omega = -\dfrac{1{,}2}{2} + \sqrt{\dfrac{9{,}81 \cdot 26}{16{,}66} + \dfrac{1{,}44}{4}} = -0{,}60 +$
$+ \sqrt{15{,}31 + 0{,}36} = -0{,}60 + 3{,}96 = 3{,}36$ msec^{-1}.

11. Dammbruchkurve.

Wird eine Senkung von der geringen Tiefe h erzeugt, so bleiben bei Beibehaltung der übrigen Bezeichnungen die Beziehungen Gl. (80) bis (80d) aufrecht, nur ist in ihnen h durch $-h$ zu ersetzen. Bei plötzlichem Verschwinden einer Querwand, die den gefüllten Teil eines zylindrischen Bettes gegen eine leere Bettstrecke abschloß, laufen daher die ersten Senkungen mit den Schnelligkeiten

(81) $$\omega = \sqrt{g\left(H - \frac{3}{2}h\right)}$$

von der Wand weg über den Spiegel. Diese Senkungen verpflanzen die oberen geometrischen Elemente der Wandlotrechten — nicht etwa das Wasser selbst — in ihre neue Lage, in der sie einen Teil des neuen Spiegels bilden. Nach Gl. (81) beträgt im Spiegel selbst die Schnelligkeit $\sqrt{gH}$ und nimmt von ihm abwärts nach dem Gesetze

$$d\omega = -\frac{3\sqrt{g}\,dh}{4\sqrt{H-\frac{3}{2}h}}$$

ab. Daraus geht hervor, daß in der Zeit t nach dem Verschwinden der Stauwand der Eckpunkt des ursprünglichen Wasserumrisses und sein um dh tiefer an der Wand gelegener Nachbarpunkt die wagrechten Strecken

$$t\sqrt{gH} \quad \text{bzw.} \quad t\sqrt{gH} - \frac{3t}{4}\frac{\sqrt{g}}{\sqrt{H}}\,dh$$

durchlaufen. Im Zeitpunkte t gehören diese Punkte vom (unveränderlichen) lotrechten Abstande dh und vom (mit der Zeit zunehmenden) wagrechten Abstande $\dfrac{3t}{4}\dfrac{\sqrt{g}}{\sqrt{H}}dh$ der Senkungslinie dieses Zeitpunktes an, welche demnach den wagrecht anschließenden noch unveränderten Spiegelteil unter einer Neigung

$$\frac{4}{3t}\frac{\sqrt{H}}{\sqrt{g}}$$

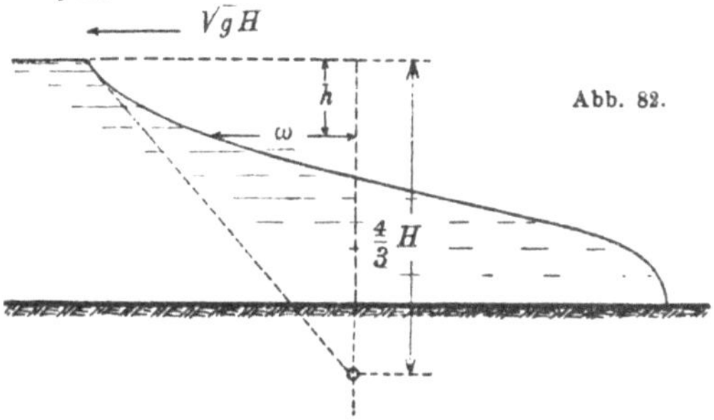

Abb. 82.

trifft. Die Verlängerung der durch diese Punkte festgelegten Kurventangente schneidet die Wandlotrechte in einem in der Tiefe

(81a) $$t\sqrt{gH}\cdot\frac{4}{3t}\sqrt{\frac{H}{g}}=\frac{4}{3}H$$

unter dem ehemaligen Spiegel gelegenen, also unveränderlichen Punkte. (Die Abb. stellt den Zustand zur Zeit $t=1$ dar.) Auch die jeweilige neue Spiegelkurve schneidet, wie der Versuch lehrt, die Wandlotrechte immer an gleicher, in der Tiefenmitte gelegenen Stelle. Die in der Zeit t leer gewordene Fläche ist etwas größer als das Dreieck von der wagrechten Basis $\omega t = t\sqrt{gH}$ und der Höhe $\dfrac{1}{2}H$; sie mag schätzungsweise

$$\frac{1}{2}\left(1{,}1\cdot\frac{1}{2}H\cdot\sqrt{gH}\cdot t\right)=0{,}86\,H\sqrt{Ht}$$

Inhalt haben. Das dem leer gewordenen Teil entströmte Wasser durcheilt als „Stürmer" das frei gewesene Bett und füllt es, soweit es nicht eingeengt ist, höchstens bis zur Höhe $\dfrac{1}{2}H$ aus. Hat das Bett die Breite b und verschwand die Trennungswand in ganzer Breite, so führt der Stürmer in der Zeiteinheit die Menge

(81b) $$Q = 0{,}86\,bH\sqrt{H}.$$

Erwähnt sei noch, daß *A. Ritter* (Aachen), der eine ähnliche Betrachtung 1892 anstellte, etwas abweichend $Q=0{,}93\,bH\sqrt{H}$ berechnete, und daß Versuche von *A. Schoklitsch* $Q=0{,}90\,bH\sqrt{H}$ ergaben. Hat die Stauwand die Breite B und die Bresche wie zuvor die Weite b, so gilt nach Versuchen von *Schoklitsch* ferner für $B<30\,b$

(81c) $$Q = 0{,}90\sqrt[4]{\frac{B}{b}}\,bH\sqrt{H}$$

V. Strömung in offenen Läufen

Beispiel 1. In welcher Zeit kann die Beaufschlagung der Turbinen von einem 3 m breiten, 2 m tiefen Obergraben aus von Null auf 5 m³sec⁻¹ steigen? — Nach (81b) erfordert dies $5:(0{,}86\cdot 3\cdot 2\cdot \sqrt{2})=5:7{,}30=0{,}69$ sec.

2. Wieviel Wasser kann aus einer 10 m breiten Bresche stürzen, die bis zum Fuß einer 22 m hohen, 40 m breiten Staumauer hinabreicht? Lösung: $Q=0{,}90\cdot\sqrt[4]{4}\cdot 10\cdot 22\sqrt{22}=1313$ m³sec⁻¹.

3. Für die Spülung eines städtischen Kanales wünscht man 0,5 m² sec⁻¹ Durchströmung. Wie hoch muß in einem Spülbecken mit 0,7 m breiter, plötzlich öffenbarer Tür in 5 m breiter Wand das Wasser zu diesem Zwecke aufgestaut werden? — Gl. (81c) besagt, es sei

$$0{,}5 = 0{,}9\sqrt[4]{\frac{5}{0{,}7}}\,0{,}7\,H^{3/2} = 1{,}03\,H^{3/2}\quad\text{oder}\quad H=0{,}62\text{ m}.$$

12. Meereswellen.

Bei Wellen über größerer Tiefe muß der hydrostatische Druck sich nach abwärts allmählich ausgleichen, so daß die Beweisführung der Gl. (80) u. folg. unzulässig wird. *P. S. Laplace* nahm etwa

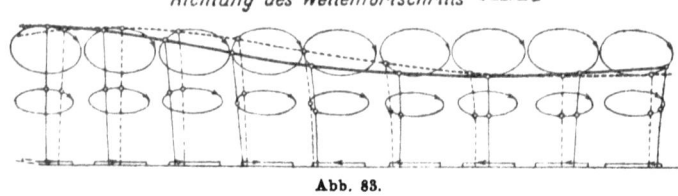

Abb. 83.

1776 an, daß die Wasserteilchen Ellipsen beschreiben, deren große Achse wagrecht liegt und die mit zunehmender Tiefe immer flacher werden. Dabei bleibe jedoch der Abstand der Brennpunkte voneinander unverändert und gehen die Ellipsen am Boden in Gerade über. Die Wasserfäden neigen sich bei diesen Wellen hin und her. Für die Schnelligkeit, mi der die Wellen nur nach einer Richtung fortschreiten, gilt dann, wie hier ohne Beweis gesagt werde,

$$(82)\qquad \omega = \sqrt{\frac{gl}{\pi}}\,\mathfrak{Tghyp}\,\frac{\pi h}{l},$$

in welcher Formel $2l$ die Wellenlänge und h die Wellentiefe bedeutet. Ist h im Vergleich zu l sehr groß, so ist $\mathfrak{Tghyp}\,\frac{\pi h}{l}$ annähernd $=1$, und es ergibt sich die von *F. J. Gerstner* (1804) aufgestellte Formel $\omega = \sqrt{\frac{gl}{\pi}}$, während, wenn die Tiefe h gering ist, die Schnelligkeit nach *J. L. Lagrange* (etwa 1781) zu $\omega = \sqrt{gh}$, demnach unabhängig von der Wellenlänge $2l$ wird. Es verdient Erwähnung, daß weder Gerstner noch Lagrange die Arbeit von

Laplace kannten. Für die Schwingungsdauer zwischen Scheitel und Talsohle findet sich nach (82)

(82a) $$T = \frac{l}{\omega} = \sqrt{\frac{\pi l}{g}} \text{ bis } \sqrt{\frac{l^2}{gh}}$$

13. Hochwasserverlauf.

Wenn dauernd mehr Wasser vom Oberlauf zufließt, als im Unterlauf abfließt, so dient der Unterschied dazu, die Füllhöhe des Bettes zu erhöhen. Nehmen wir an, daß die ursprüngliche Füllhöhe H und die spätere $H + h$ betrage, und daß der Kopf der Anschwellung durch eine Stufe gebildet werde, die nicht senkrecht zu sein braucht und mit der Schnelligkeit ω stromab wandert, so wächst, wenn wir die Breiteneinheit des Flusses betrachten, wie oben in Gl. (80a), deren Wasservolum in der Zeiteinheit um ωh. Nennen wir die Geschwindigkeit der Zuströmung U_1 und die der Abströmung U_2, so gilt also

(83) $$U_1 \cdot (H + h) - U_2 H = \omega h.$$

Nun ist nach de Chézys Grundformel (52) bei einem Gefälle i

$$U_1 = c\sqrt{(H+h)i}$$
und $$U_2 = c\sqrt{Hi},$$

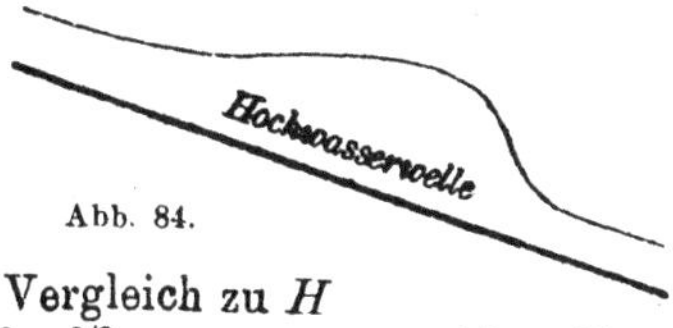

Abb. 84.

so daß obige Differenz, wenn h im Vergleich zu H sehr klein ist, $ci^{1/2}(H+h)^{3/2} - ci^{1/2}H^{3/2} =$ angenähert $ci^{1/2}(H^{3/2} + 3/2\, H^{1/2} h - H^{3/2}) = \frac{3}{2} hc\sqrt{Hi} = \frac{3}{2} h U_2$ geschrieben werden kann und Gl. (83) die einfache Beziehung

(83a) $$\omega = \frac{3}{2} U_2$$

ergibt. Der Kopf einer Hochwasseranschwellung schreitet also mit einer Schnelligkeit fort, welche gleich der *anderthalbfachen* Fließgeschwindigkeit vor dem Kopfe ist. Auf seitliche Ausbreitung des Wassers wurde bei dieser Ableitung nicht Rücksicht genommen. Muß das vom Oberlauf kommende Wasser sich seitlich ausbreiten, so bleibt davon weniger für den Fortbau der Stufe übrig, die daher weniger schnell fortschreitet.

Denkt man sich den Hochwasserschwall aus vielen kleinen Erhebungen zusammengesetzt, so ist für deren Schnelligkeit ihre Beziehung zur Strömungsgeschwindigkeit bestimmend, wie dies (83a) erläutert. Da nun die Geschwindigkeit mit der Tiefe wächst, schreitet die Stelle größten Durchflusses am schnellsten vor. So wird die langgestreckte, über Hunderte von Kilometern reichende Hochwasserwelle bei ihrem Fortschritt in ihrer Form verändert, stromab steiler und stromauf flacher. Für einen stillestehenden Zuschauer, an dem jene Welle vorüberzieht, hat deren Gestaltung die Folge, daß das Wasser vergleichsweise rasch ansteigt und langsam fällt, wie dies auch die Erfahrung an zahlreichen Strömen lehrt. Die Hochwässer steigen bei uns allmählich an, wo aber, wie in Südafrika und Arabien, die Betten gewöhnlich mehr oder weniger trocken liegen, stürmt die Hochwasserwelle mit steil abfallendem, rollendem, schaumgekröntem Kopf heran. Gemäß einer (unveröffentlichten) Annahme von *Ceconi*, daß für den Grenzfall das de Chézysche Gesetz gelte, tritt mit Q als Durchfluß, t als Zeit, b als Bettbreite, z als Wassertiefe, U als Geschwindigkeit, c als de Chézysche Zahl, wie sich zeigen läßt, das Hochwasser als *Stürmer* auf, wenn

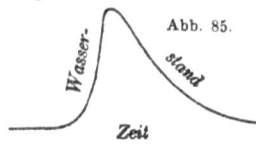

Abb. 85.

(84) $\quad \dfrac{dQ}{dt} > \dfrac{bU^4}{c^2 z} \quad$ oder $\quad \dfrac{d(Q^2)}{dt} > \dfrac{2b^2 U^5}{c^2}$

ist. Das Nämliche gilt für die „*Sprungwelle*" oder „*Bore*", mit welcher die Flut in manchen Strommündungen binnenwärts braust.

14. Seerückhalt.

Wenn ein Fluß einen See durchfließt, so zeigen sich die Hochwässer unterhalb des Sees mäßiger als oberhalb desselben, weil vom

Abb. 86.

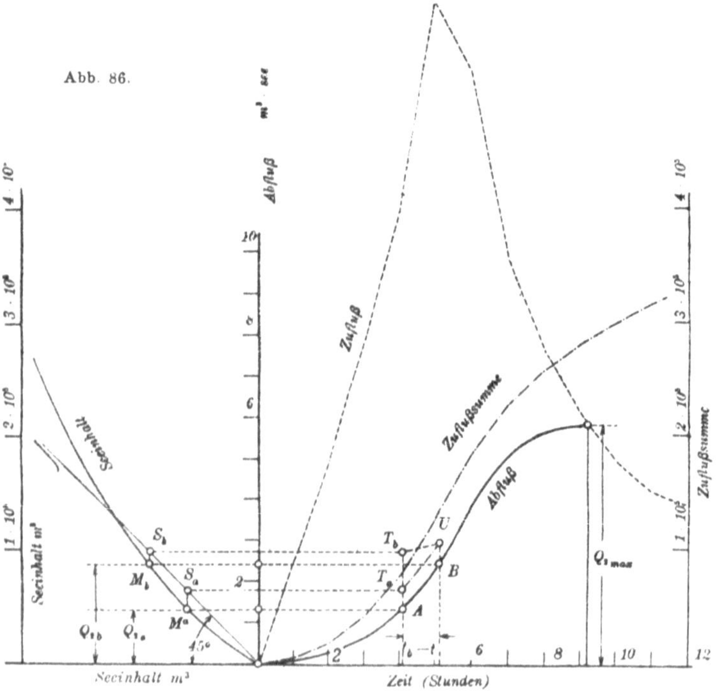

Erguß in den See nur ein Teil in der nämlichen Zeitperiode weiterfließt, während der restliche Teil das Seebecken zunächst höher ausfüllt. Für die Berechnung dieses Rückhaltes (der Retention) sind verschiedene graphische Verfahren angegeben worden, darunter das nachstehende von *J. Kozeny*.

Bekannt sei der Zufluß Q_1 in den See in seiner Abhängigkeit von der Zeit t, der Seeinhalt M und der Abfluß Q_2 in ihrer Abhängigkeit vom Wasserstande h. Gesucht werde der Abfluß Q_2 als Funktion der Zeit t, also der Verlauf der Hochwasserwelle unterhalb des Sees. Auf Grund dieser Daten zeichnet man mit wagrechten Abszissen und senkrechten Ordinaten folgendes:

1. Die Zuflußsummenkurve mit den seit Beginn des Hochwassers in den See getretenen Wassermengen Σ_1, als Ordinaten und der Zeit t als Abszissen;

2. die Seeinhaltskurve mit dem jeweiligen Wasserinhalt M des Sees als Abszissen und dem Abfluß Q_2 als Ordinaten, welche Kurve man zu ermitteln vermag, weil man für jedes h sowohl M wie Q_2 kennt;

3. in einer abgesonderten Figur trägt man von einem gemeinschaftlichen Anfangspunkte aus auf einer senkrechten Geraden die Abflüsse Q_2 (also Raumeinheiten durch Zeiteinheit) auf, von denen man wissen will, zu welchen Zeitpunkten sie auftreten. Die Endpunkte der Q_2 verbindet man mit einem auf der Wagrechten des Anfangspunktes liegenden Pol von entsprechendem Polabstand, so daß
man eine einem Kraftvieleck ähnelnde Figur erhält;

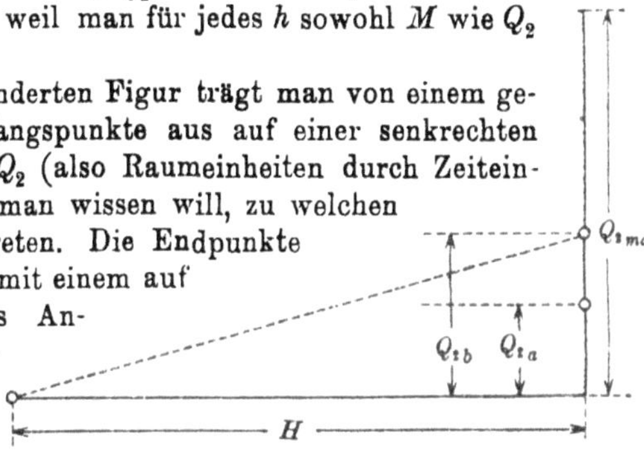

Abb. 87.

4. durch den Ursprung zieht man einen schrägen Strahl, der mit den Koordinatenachsen je einen Winkel von $45°$ einschließt.

Bis zu einem Punkte A habe man die Abflußkurve bereits gezeichnet und suche nun den von ihm wenig entfernten Kurvenpunkt B auf. Die Zeitpunkte, Zuflüsse und Abflüsse sowie die Zuflußsummen in den beiden Punkten mögen t_a, Q_{1a}, Q_{2a}, Σ_a, t_b, Q_{1b}, Q_{2b} und Σ_b heißen, und es werde Q_{2b} willkürlich angenommen und das zugehörige t_b aufgesucht, womit B bestimmt ist. Nachstehend der Vorgang.

Man zieht durch den Punkt A und in der Entfernung Q_{2b} von der Abszissenachse je eine Wagrechte, sucht die Schnittpunkte M_a und M_b dieser Wagrechten mit der Seeinhaltskurve auf, zieht Senkrechte durch M_a und M_b bis zu ihren Schnittpunkten S_a und S_b mit dem schrägen Strahl und dann durch S_a und S_b wieder Wagrechte bis zur Ordinate von A. Durch den so erhaltenen Treffpunkt T_a zeichnet man eine Parallele G_a zu dem Stück der Zuflußsummenkurve, welches zwischen t_a und dem näherungsweise bekannten t_b liegt und durch den Treffpunkt T_b' eine Parallele zum Strahl des „Kräftevielecks", der durch den Endpunkt des angenommenen Q_2 geht. Fällt man endlich vom Schnittpunkt U der beiden zuletzt gezogenen Geraden eine Senkrechte bis zur Wagrechten Q_{2b}, so erhält man den gesuchten Punkt B.

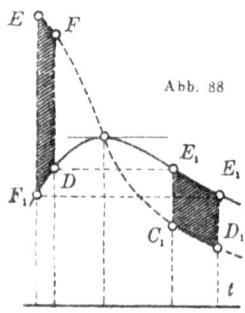

Abb. 88

Die Konstruktion bewirkt nämlich, daß der Ordinatenunterschied der Punkte T_b und T_a mit jenem von S_b und S_a und daher mit dem Abszissenunterschied der Punkte M_b und M_a gleich groß ausfällt, so daß die Strecke $T_b - T_a$ angibt, wieviel der Inhalt des Sees zunimmt, während der Abfluß von Q_{2a} bis Q_{2b} wächst. Ferner gibt der Höhenabstand von T_a und U den Ablauf während der Zeit $t_b - t_a$ an. Wir haben also bei richtigem Polabstand, wie das Dreieck $T_a T_b U$ lehrt,

$$M_b - M_a = \Sigma_b - \Sigma_a - Q_2(t_b - t_a) = Q_1(t_b - t_a) - Q_2(t_b - t_a)$$

und B erhält tatsächlich die Abszisse, die dem Zeitpunkte t_b zukommt. Für den Polabstand H lehrt eine nähere Betrachtung, daß, wenn σ m³ der Zuflußsumme, ferner k m³ sec^{-1} des Zu- oder Abflusses und τ sec der Zeit durch 1 mm dargestellt werden,

$$H = \frac{\sigma}{k\tau} \text{mm} \qquad \text{zu wählen ist.}$$

Einen Übelstand bilden die schleifenden Schnitte in der Nähe des Punktes, in welchem Q_2 seinen größten Wert Q_{2max} hat. Hier müssen Zulauf und Ablauf gleich groß sein. Trägt man also noch die Zuflußkurve im Maßstabe der Abflußkurve auf, so müssen sich beide Kurven in Q_{2max} schneiden. Nachdem Q_{2max} erreicht ist, nimmt Q_2 wieder ab. Der äußerste Strahl des sogenannten Kräftevielecks muß also parallel zur Tangente sein, welche die Zuflußsummen- oder Σ-Kurve in dem Zeitpunkt hat, in welchem Q_{2max} eintritt. Hierin liegt eine Kontrolle der Genauigkeit der Zeichnung.

Den abfallenden Ast der Abflußkurve kann man mit Benützung der Bedingung konstruieren, daß die Unterschiede der Zu- und Abflußflächen zwischen zwei Punkten mit gleichem Abfluß Q_2 vor und nach dem Scheitel Q_{2max} einander gleich sein müssen, daß also in beistehender Abbildung die Fläche $CDEF$ = Fläche $C_1 D_1 E_1 F_1$ sein muß.

VI. Ausfluß durch Öffnungen und Überfall.

1. Die verschiedenen Arten Koeffizienten.

Für die Ausflußgeschwindigkeit einer vollkommenen Flüssigkeit unter einer Druckhöhe wurde das Gesetz (14) $v = \sqrt{2gh}$ festgestellt. Nach ihm sollte einer wagrechten Öffnung von der Fläche F in der Zeiteinheit die Menge

(87) $$Q = F\sqrt{2gh}$$

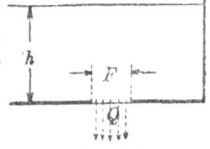

Abb. 89.

entströmen. Man müßte das gleiche Q erwarten, wenn F nicht wagrecht, aber so klein wäre, daß die Drucke auf die Flächenelemente nicht wesentlich voneinander abweichen. Unter h wäre dann die Tiefenlage der Öffnungsmitte zu verstehen. Die Erfahrung hat gelehrt, daß der Erguß hinter dem zu erwartenden zurückbleibt, und daß man

(88) $$Q = \mu F\sqrt{2gh}$$

hat, worin μ, der Ausflußkoeffizient oder die Ausflußzahl stets < 1 ist, so fand ihn *J.C. Borda* (1766) bei einem kreisförmigen Bodenloch in dünner Wand $= 0,625$. Später zeigte es sich, daß der Ausflußkoeffizient auf zwei getrennte Ursachen zurückzuführen ist: auf eine Strahleinschnürung und eine Geschwindigkeitsverminderung. Bei einem Ausfluß aus dünner Wand in die Luft treten die Wasserfäden konvergierend aus, drücken sich gegenseitig und lenken sich ab, bis sie eine kurze Strecke außerhalb der Öffnung parallel laufen. Hier herrscht im Strahlinnern so ziemlich der atmosphärische Druck und so sollte hier — und zwar erst hier — bei einer Tiefenlage h die Geschwindigkeit in jedem Punkte

(88 a) $$w = \sqrt{2gh}$$ sein.

Besitzt daselbst der Querschnitt die Fläche ψF, so müßte ohne Reibungsverluste $Q = \psi F\sqrt{2gh}$ sein. Tatsächlich ist Q noch kleiner, es ist

(88 b) $$Q = \varphi \psi F\sqrt{2gh}$$

und so sehen wir, daß der Ausflußkoeffizient als das Produkt von zwei anderen echten Brüchen entsteht, dem Einschnürungskoeffizienten ψ, d. i. dem Verhältnis des eingeschnürten Querschnittes zur Öffnungsfläche, und dem Geschwindigkeitskoeffizienten φ, d. i. dem Verhältnis der wirklichen Geschwindigkeit im eingeschnürten Querschnitt zur theoretischen nach Ber-

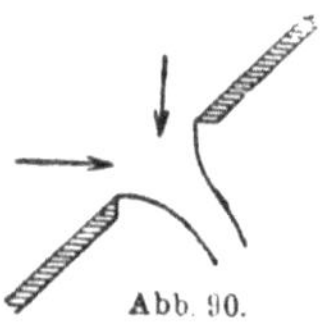

Abb. 90.

noulli. Ihrer Bedeutung nach sind diese Koeffizienten recht ungleich. Die Geschwindigkeitsverminderung wird durch die Reibung verursacht, und da diese nur auf kurzer Strecke zur Wirkung kommt, ist φ bei Wasser nicht sehr von 1 verschieden, während die Einschnürung sehr merklich sein kann, oder auch sich durch ein entsprechend geformtes Mundstück vermeiden läßt. Ihr Koeffizient ψ ist daher für die Größe von μ ausschlaggebend.

Hat das Wasser eine merkliche Ankunftsgeschwindigkeit U_0, so hat man sich diese in Druckhöhe verwandelt vorzustellen und demnach Gl. (88) zu

(88c) $$Q = \mu F \sqrt{2g\left(h + \frac{U_0^2}{2g}\right)}$$ zu vervollständigen.

Da der Austritt nicht notwendig in freie Luft erfolgen muß, sondern auch in einer Leitung erfolgen kann, läßt sich der Austrittskoeffizient μ in bestimmte Beziehung zum Widerstandskoeffizienten ζ bringen, der für bestimmte Fälle bei den Rohrleitungen, z. B. in Gl. (45a) angeführt worden ist. Nach (88) ist

$$Q = \mu F \sqrt{2gh}$$

oder die mittlere Ausflußgeschwindigkeit

$$V = \frac{Q}{F} = \mu \sqrt{2gh},$$

daher die Geschwindigkeit an der Mündung

$$\frac{V^2}{2g} = \mu^2 h,$$

wonach, weil im Rohr nur die Geschwindigkeit V herrscht, von der Druckhöhe h der Teil

$$h - \mu^2 h = (1 - \mu^2)\frac{V^2}{\mu^2 \cdot 2g}$$

als verloren gelten kann. Derselbe Verlust drückt sich bei Einführung eines Widerstandskoeffizienten in der Form

$$\zeta \frac{V^2}{2g}$$

aus, so daß sich zwischen jedem μ und dem zugehörigen ζ die Beziehung

(89) $$\zeta = \frac{1 - \mu^2}{\mu^2} \quad \text{oder} \quad \mu = \frac{1}{\sqrt{1 + \zeta^2}}$$ ergibt.

2. Ausflußzahl bei vollkommener Einschnürung.

Ist eine Öffnung weder wagrecht noch sehr klein, so kommt jedem Flächenelement eine andere Austrittsgeschwindigkeit zu und tritt für die Berechnung des Durchflusses Q an die Stelle von (88) das Integral

(90) $$Q = \mu \int \sqrt{2gh}\, dF.$$

Für eine *rechteckige* Öffnung in lotrechter Wand mit zwei wagrechten Seiten von der Länge b, die unter den Druckhöhen h_1 und h_2 stehen, erhält man demnach neben der Formel angenäherter Bauweise

(91) $$Q = \mu F \sqrt{2gh} = \mu \cdot b(h_2 - h_1)\sqrt{2g\frac{h_1 + h_2}{2}}$$

als Formel genauen Baues bei Zerlegung in wagrechte Streifen

(91a) $$Q = \mu \int_{h_1}^{h_2}\sqrt{2gh} \cdot dF = \mu \int_{h_1}^{h_2}\sqrt{2gh} \cdot b\, dh =$$

$$= \tfrac{2}{3}\mu b \sqrt{2g}\,(h_2^{3/2} - h_1^{3/2}) = \tfrac{2}{3}\mu b \sqrt{2g}\, h_2^{3/2}\left[1 - \left(\tfrac{h_1}{h_2}\right)^{3/2}\right].$$

Die Ausrechnung ergibt für

$h_2 : h_1$	1,5	2	3	4	5
$\frac{Q \text{ nach (91a)}}{Q \text{ nach (91)}} =$	0,998	0,995	0,989	0,984	0,980.

Für den Gebrauch dieser Ausdrücke kommt es wesentlich auf die richtige Bestimmung der Ausflußzahlen μ an. Diesbezüglich liegen aus den Jahren 1832 und 1852 Untersuchungen von *J. V. Poncelet* und *J. A. Lesbros* mit sogenannten Poncelet-Öffnungen, das sind Öffnungen von 20 cm Breite, vor. Sie ergaben bei scharfem Rand folgende μ der Gl. (91):

Höhe h_1 über oberen Rand cm	Breite der Öffnung 20 cm Höhe der Öffnung in cm					
	1	2	3	5	10	20
1	0,702	0,660	0,634	0,607		
2	0,695	0,660	0,639	0,616	0,596	0,572
3	0,689	0,659	0,640	0,620	0,600	0,578
5	0,680	0,658	0,640	0,625	0,605	0,585
7	0,674	0,657	0,638	0,627	0,609	0,588
10	0,667	0,655	0,637	0,630	0,611	0,592
20	0,655	0,649	0,634	0,631	0,615	0,598
40	0,646	0,642	0,631	0,629	0,617	0,602
60	0,641	0,638	0,630	0,627	0,617	0,604
80	0,635	0,635	0,628	0,626	0,616	0,605
100	0,629	0,632	0,627	0,625	0,615	0,605
150	0,617	0,620	0,621	0,619	0,611	0,602
200	0,613	0,613	0,613	0,613	0,607	0,601
300	0,609	0,608	0,607	0,606	0,603	0,601

Für *quadratische* Öffnungen mit scharfem Rand hat dann, 1886, *Hamilton Smith* jun. auf Grund eigener und fremder Versuche eine Tabelle veröffentlicht, die nach *M. Merriman* auf folgende Werte von μ führt. Dabei beziehen sich die über den wagrechten Strichen in den drei letzten Spalten auf den Koeffizienten der genauen Formel (91a), alle übrigen auf den der Näherungsformel (91);

VI. Ausfluß durch Öffnungen und Überfall

Höhe über Mitte $\frac{1}{2}(h_1+h_2)$ in m	Seitenlänge des Quadrates $h_2-h_1=b$ in cm					
	1	2	3	6	12	18
0,1	0,652	0,632	0,622			
0,2	0,648	0,624	0,617	0,605	0,598	
0,3	0,636	0,619	0,613	<u>0,605</u>	0,601	0,599
0,5	0,628	0,618	0,610	0,605	<u>0,602</u>	0,601
0,7	0,625	0,612	0,607	0,605	<u>0,604</u>	0,602
1,0	0,620	0,610	0,607	0,605	0,604	<u>0,603</u>
1,5	0,618	0,609	0,606	0,604	0,603	<u>0,602</u>
2	0,614	0,608	0,605	0,604	0,603	0,602
3	0,611	0,606	0,604	0,603	0,602	0,601
6	0,605	0,603	0,602	0,602	0,601	0,600
15	0,601	0,601	0,600	0,600	0,599	0,599
30	0,598	0,598	0,598	0,598	0,598	0,598

Für *kreisrunde* Öffnungen vom Halbmesser r und der Mittelpunktstiefe h gilt nach (91)

(92) $$Q = \mu \pi r^2 \sqrt{2gh}$$

und bei Entwicklung des Integrales der genauen Formel, wie sich zeigen läßt,

(92a) $$Q = \mu \left(1 - \frac{1}{32}\frac{r^2}{h^2} - \frac{5}{1024}\frac{r^4}{h^4} - \ldots\right) \pi r^2 \sqrt{2gh}$$

mit folgenden Werten von μ nach *Smith* und *Merriman*, von welchen Werten sich diejenigen der drei letzten Spalten über den Querstrichen auf die Gl. (92a), alle übrigen auf die Gl. (92) beziehen.

Höhe h über Mittelpunkt in m	Kreishalbmesser r in cm					
	1	2	3	6	18	30
0,1	0,642	0,626	0,619			
0,2	0,639	0,619	0,613	<u>0,601</u>	0,593	
0,3	0,634	0,613	0,608	<u>0,600</u>	0,595	0,591
0,5	0,626	0,609	0,605	0,600	<u>0,596</u>	0,593
0,7	0,620	0,607	0,603	0,599	<u>0,598</u>	0,596
1	0,619	0,605	0,602	0,599	0,598	0,596
1,5	0,614	0,604	0,601	0,598	0,597	<u>0,597</u>
2	0,611	0,603	0,600	0,597	0,596	0,596
3	0,607	0,600	0,598	0,597	0,596	0,595
6	0,600	0,597	0,596	0,596	0,596	0,594
15	0,596	0,595	0,594	0,594	0,594	0,593
30	0,593	0,592	0,592	0,592	0,592	0,592

Für einen lotrechten Spalt von der Breite db, der vom Spiegel bis zur Tiefe z hinabreicht, wäre der Erguß

$$dQ = \mu\, db \int_0^z \sqrt{2gz}\, dz = \frac{2}{3} \mu \sqrt{2gz^3}\, db,$$

Abb. 91.

daher wäre für ein *Trapez*, das an den Spiegel grenzt, die wagrechte Höhe b und die Ecktiefen z_1 und z_2 besitzt,

(93) $\quad Q = \int_0^b \frac{2}{3} \mu \sqrt{2gz^3}\, db = \int_{z_1}^{z_2} \frac{2}{3} \mu \sqrt{2g}\, z^{3,2} \frac{b}{z_2 - z_1}\, dz =$

$= \left(\frac{2}{3}\mu \sqrt{2g}\, \frac{2}{5} z^{5/2} \frac{b}{z_2 - z_1}\right)_{z_1}^{z_2} = \frac{4}{15} \mu \sqrt{2g}\, b\, \frac{z_2^{5/2} - z_1^{5/2}}{z_2 - z_1}.$

Ein *Polygon* kann man sich aus positiven und negativen bis zum Spiegel gehenden Trapezen zusammengesetzt denken; bezüglich des zugehörigen μ ist man auf Schätzung angewiesen.

Die Ausflußlöcher mit scharfem Rand (oder in dünner Wand) dienen besonders zu Messungen, weil der Schärfungswinkel nicht von Belang, das Ergebnis also ein vergleichsweise sicheres ist. Wesentlich ist für dessen Richtigkeit übrigens weniger der mathematisch genaue Aufbau der Formel als die gute Kenntnis der Zahl μ.

Beispiele. 1. Wie groß ist der Erguß Q aus einer dreieckigen Öffnung mit wagrechter Basis von der Länge b in der Tiefe z_1 und mit der Spitze in der Tiefe z_2, wobei $z_2 > z_1$ sei? — Man kann das Dreieck aus zwei positiven Trapezen und einem negativen Rechteck zusammensetzen und hat

$$Q = \frac{4}{15} \mu \sqrt{2g}\, b\, \frac{z_2^{5/2} - z_1^{5/2}}{z_2 - z_1} - \frac{2}{3} \mu \sqrt{2g}\, b\, z_1^{3/2}.$$

2. Wieviel Wasser fließt aus einer quadratischen und wieviel aus einer kreisrunden Öffnung mit scharfem Rand von je 100 cm² Fläche, wenn die Mittelpunkte 15 m unter dem Spiegel liegen? — Nach Smith ist für das Quadrat $\mu = 0{,}599$, daher Q nach (91) $= 0{,}599 \cdot 100 \sqrt{2 \cdot 981 \cdot 1500}\, \text{cm}^3 \text{sec}^{-1} =$
$= 102850\ \text{cm}^3\ \text{sec}^{-1} = 6{,}17\ \text{m}^3\ \text{min}^{-1}$. Der Kreis hat einen Halbmesser $r = \sqrt{100} : \sqrt{\pi} = 5{,}64$ cm, daher liefert er $Q = 0{,}594 \cdot 100 \sqrt{2 \cdot 981 \cdot 1500} = 101990\ \text{cm}^3\ \text{sec}^{-1} = 6{,}12\ \text{m}^3\ \text{min}^{-1}$.

3. Die Ausflußzahl bei unvollkommener Einschnürung.

Je mehr man die Einschnürung durch Führungswände im Wasserbehälter hindert, desto mehr steigert man den Ausfluß. So steht die Ausflußzahl μ_u bei teilweiser, zu der bei vollständiger Einschnürung nach *Bidone* und *Weisbach* im Verhältnis

(94) $\quad \dfrac{\mu_u}{\mu} = 1 + \varkappa\, \dfrac{\text{eingefaßte Länge}}{\text{ganzer Öffnungsumfang}},$

worin $\varkappa$ für Kreise $= 0{,}128$, für kleine Quadrate $= 0{,}152$, für kleine Rechtecke $= 0{,}134$, für Rechtecke von 20 cm Breite und 10 cm Höhe $= 0{,}157$ sein soll. Rückte *Lesbros* seine Poncelet-Öffnung hart an den Boden und ließ sie frei in die Luft ausgießen, so wuchs die

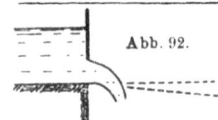
Abb. 92.

Ausflußzahl der Formel (91); schloß er ihr dann außen ein unter 1 : 10 fallendes Gerinne an, so nahm sie wieder ab und nahm abermals ab, wenn er das fallende Gerinne mit einem wagrechten vertauschte. Das Nähere ist aus den nachstehenden Spalten zu ersehen, deren erste und fünfte schon oben mitgeteilte Daten enthalten.

Spiegelhöhe über oberen Rand der Öffnung in cm	Höhe der Öffnung 5 cm				Höhe der Öffnung 20 cm				Verhältnis des μ der 6. zu dem μ der 5. Spalte
	Lagefrei	Lage am Boden			Lagefrei	Lage am Boden			
	Ausguß-frei	Ausguß-frei	Wagrechtes Gerinne	Fallendes Gerinne	Ausguß-frei	Ausguß-frei	Wagrechtes Gerinne	Fallendes Gerinne	
2	0,616	0,664	0,487	0,585	0,572	0,599	0,480	0,527	1,05
5	0,625	0,667	0,571	0,614	0,585	0,608	0,510	0,553	1,04
10	0,630	0,669	0,605	0,632	0,592	0,615	0,538	0,574	1,04
20	0,631	0,670	0,617	0,645	0,598	0,621	0,566	0,592	1,04
50	0,628	0,668	0,626	0,652	0,603	0,623	0,592	0,607	1,03
100	0,625	0,666	0,628	0,651	0,605	0,624	0,600	0,610	1,03
150	0,619	0,665	0,627	0,650	0,602	0,624	0,602	0,610	1,04
200	0,613	0,664	0,623	0,650	0,601	0,619	0,602	0,609	1,03
300	0,606	0,662	0,618	0,649	0,601	0,614	0,601	0,608	1,02

Die hier für die größeren Öffnungen berechneten Verhältniszahlen stimmen gut damit überein, daß nach Weisbach bei Einfassung ihres Viertelumfanges der Ausfluß auf das 1,037 fache wachsen soll.

Die Einschnürung läßt sich, wie bereits angedeutet, auch durch Verwendung eines der Form des Strahlanfanges nachgebildeten Mundstückes vermindern, welches, weil es die eingeschnürte Stelle zur Ausflußöffnung macht, μ bis auf 0,99 vergrößern kann.

Desgleichen muß eine Ankunftsgeschwindigkeit U die Einschnürung etwas vermindern und die Ausflußgeschwindigkeit erhöhen, so daß nunmehr die theoretische Formel

$$(94\,\mathrm{a}) \qquad Q = \mu\sqrt{2g}\,F\left(h + \frac{U^2}{2g}\right)^{\frac{1}{2}}$$

passend erscheint.

4. Ausfluß durch Ansatzröhren.

Eine (außen angebrachte) *zylindrische* Ansatzröhre wirkt umgekehrt wie ein offenes Gerinne; sie verringert die Sprungweite, also die Austrittsgeschwindigkeit des Strahles, verdickt ihn aber zugleich derart, daß die Ausflußzahl μ, wenn die Ansatzlänge $2\frac{1}{2}$ bis 3 mal so groß wie der Lochdurchmesser ist, sich von den früheren 0,61 bis 0,63 im Mittel auf 0,815 erhöht. Ein solches μ entspricht nach Gl. (89) einem Widerstandskoeffizienten $\zeta = 0,506$. Schief angesetzte Ansatzröhren geben weniger, nach *Weisbach* bei einem Winkel δ zwischen Rohrachse und Wandnormalen für

Ausfluß bei Führung. Ansatzstutzen

$\delta =$	$0°$	$10°$	$20°$	$30°$	$40°$	$50°$	$60°$
$\mu =$	0,815	0,80	0,78	0,76	0,75	0,73	0,72
$\zeta =$	0,506	0,57	0,64	0,71	0,79	0,87	0,93

Einspringende Stutzen verkleinern μ, und zwar setzt ein zylindrischer, nach innen gerichteter Stutzen μ, wie *Borda* 1766 fand, auf 0,514 herab. Sich verjüngende konische Stutzen geben große Ergüsse, die, nach Versuchen von *Castel* bei einem Kegelscheitelwinkel von $13°$ ihr Maximum mit $\mu = 0,95$ haben.

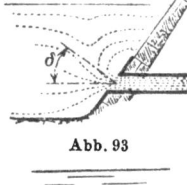

Abb. 93

Konisch zusammenlaufende *Strahlrohre* mit angeschraubten Mundstücken, wie sie die Feuerwehren benutzen, hat *J. R. Freeman* (1889) untersucht. Sie gaben, wenn innen glatt, $\mu = 0,97$ bis über 0,98, also $\zeta = 0,06$ bis 0,03; ein innerer Ringleisten am Mundstückende zog μ auf 0,63 bis 0,87 herab, schob also ζ auf 0,3 bis 1,5 hinauf. Schalten wir

Abb. 94.

hier ein, daß derselbe Fachmann das c de Chézys für Gummischläuche und gummierte Baumwollschläuche zu rund 50 bis $70 \text{m}^{1/2} \text{sec}^{-1}$ und für nicht gummierte Flachs- oder Hanfschläuche zu $43 \text{ m}^{1/2} \text{sec}^{-1}$, also den Druckhöhenverlust in m längs einem Meter Schlauch vom Durchmesser D (in m) zu $\dfrac{0,032 \text{ bis } 0,016}{D} \dfrac{U^2}{2g}$ bzw. $\dfrac{0,042}{D} \dfrac{U^2}{2g}$ feststellte.

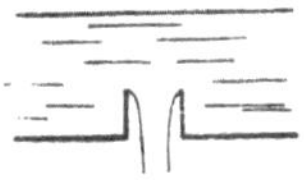

5. Ausfluß unter Wasser.

Die Strömungsgeschwindigkeit einer vollkommenen Flüssigkeit zwischen zwei miteinander verbundenen Gefäßen, deren Spiegel in den Höhen h_1 und h_2 über der gemeinsamen Öffnung liegen, beträgt nach dem Bernoullischen Theorem (s. oben Gl. (15b) und (16))

$$V = \sqrt{2g(h_1 - h_2)}.$$

Für den Ausfluß von Wasser in ein ebenfalls Wasser enthaltendes Nachbargefäß durch eine Öffnung von der Fläche f gilt dementsprechend, weil, wie die Erfahrung lehrt, auch hier eine Einschnürung und jedenfalls eine Reibung statthat,

(95) $$Q = \mu f \sqrt{2g(h_1 - h_2)}.$$

Die Ausflußzahl μ ist für diese Erscheinung stets etwas kleiner, als wenn das Wasser sich durch dasselbe Mundstück in die freie Luft ergießt, und zwar beträgt nach Weisbach das Verhältnis beider Koeffizienten im Mittel 0,986. Sind Ankunfts- und Ablaufsgeschwindigkeiten U_1 und U_2 vorhanden, so erweitert sich (95) zu

(95a) $$Q = \mu f \sqrt{2g(h_1 - h_2) + \overline{U_1^2 - U_2^2}}.$$

Beispiel. Befindet sich in einer vierkantigen Leitung vom Querschnitt

VI. Ausfluß durch Öffnungen und Überfall

F ein Schieber eingeschaltet, den man so weit lüftet, daß ein Schlitz von der Fläche $f = 0,1\,F$ frei wird, so findet nach Weisbach ein Durchfluß mit der Widerstandsziffer $\zeta = 193$ statt. Wieweit stimmt dies mit Gl. (95) überein? — Bei einer Leitungsgeschwindigkeit U wäre nach Weisbach der Druckhöhenverlust $= \zeta \dfrac{U^2}{2g} = \zeta \dfrac{Q^2}{2gF'^2} = 193\dfrac{Q^2}{2g\,100f^2} = 1,93\dfrac{Q^2}{2g\cdot f^2}$; nach Gl. (95) mit $\mu = 0,986 \cdot 0,62 = 0,61$ müßte er zufolge Gl. (89) $1,69\dfrac{Q^2}{2g\cdot f^2}$ betragen.

Im Hinblick auf die Grundablässe der Stauweiher hat C. B. Stewart in Madison (1908) Untersuchungen mit Kastenröhren von nicht weniger als 1,22 m Breite und Höhe und verschiedenen Längen vorgenommen. Einige Ergebnisse seien nachstehend mitgeteilt, und dabei unter Form A ein einfacher Anschluß des Kastenrohres an die quadratische Durchbrechung der Trennungswand der beiden Behälter verstanden, während bei der Form a außerdem auf der Oberwasserseite eine Führungsfläche an der Unterkante der Öffnung angesetzt ist und bei der Form d (Abb. 96) ein vollständiger Führungstrichter das Wasser zur Öffnung leitet.

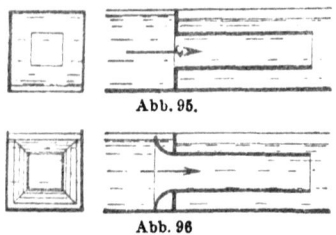

Abb. 95.

Abb. 96

Druckhöhenverlust	Form	Länge des Kastenrohres ohne Führung in m					
		0,094	1,52	4,27	0,094	1,52	4,27
		Ausflußzahl μ			$1 + \zeta = 1:\mu^2$		
1,5	A	0,63	0,80	0,83	2,55	1,58	1,46
	a	0,67	0,80	0,84	2,25	1,56	1,43
	d	0,93	0,93	0,92	1,15	1,17	1,19
4,6	A	0,61	0,75	0,79	2,73	1,77	1,62
	a	0,63	0,76	0,80	2,55	1,73	1,58
	d	0,92	0,89	0,88	1,17	1,27	1,28
7,6	A	0,61	0,78	0,82	2,72	1,66	1,49
	a	0,63	0,78	—	2,52	1,63	—
	d	0,95	0,92	—	1,10	1,19	—

So wie beim Rohranschluß an einen Behälter (s. S. 40) findet bei dem Ausfluß unter einem Schütz der Geschwindigkeitsvermehrung wegen daselbst eine Druckverminderung statt. Letztere erreicht, wenn der Höhenunterschied der zu beiden Seiten des Schützes befindlichen Spiegel h_{12} beträgt, vermutlich zuweilen die Größe

$$0{,}85\,\gamma\,h_{12}.$$

Diese Druckverminderung, welche allerdings nicht den Atmosphärendruck übersteigen kann, ist bei Entwurf der Hebevorrichtung des Schützes zu beachten.

Beispiel. Ein Schütz ist 3,2 m lang, an der Unterfläche 0,12 m breit und kann einen Höhenunterschied des Ober- und Unterwasserspiegels von 2,8 m zu sichern haben. Welche Saugkraft kann das Wasser ausüben? — Wir haben als Lösung $0{,}85 \cdot 1000 \cdot 2{,}8 \cdot 3{,}2 \cdot 0{,}12 = 914$ kg. Da der Atmosphärendruck auf die Unterfläche $10\,000 \cdot 3{,}2 \cdot 0{,}12 = 3840$ kg beträgt, können die 914 kg voll zur Wirkung kommen.

Wenn gesonderte Tropfen auf eine Wasserfläche fallen, treffen sie eine ruhende Masse, deren Trägheit ihnen Widerstand entgegensetzt und sie nur wenig ins Wasser eindringen läßt. Bei einem zusammenhängenden Strahl bahnt jedes seiner Teilchen dem nachfolgenden den Weg, so daß auf die einzelnen Teilchen wenig zu leistende Arbeit entfällt und der Strahl tief oder weit ins Unterwasser einzudringen vermag.

6. Der Ausflußstrahl.

Im Ausflußstrahl äußert sich zunächst, wie *G. Hagen* in Berlin 1854 entdeckte, die Bewegungsweise des ihn speisenden Wassers; fließt dieses in Schichten, so ähnelt der Strahl einem glatten Glasstabe, ist der Zulauf wirbelig, so gleiten Zuckungen über seine Oberfläche. Fällt der Strahl aus einer unrunden Öffnung, so nimmt er sonderbare Formen an, weil die Oberflächenspannung während des Sturzes die Ecken in Furchen, die eingezogenen Umrißteile in Rippen verwandelt.

Technisch wichtig ist die *Steighöhe* und *Sprungweite* der Strahlen. Nach dem Wurfgesetze würde ein Strahl eine Parabel beschreiben, die bei einer Anfangsgeschwindigkeit v_0 und einer Anfangsneigung α eine Steighöhe $s = v_0^2 \sin^2 \alpha : 2g$ und eine Wurfweite $v_0^2 \sin 2\alpha : g$ erreichen würde; der Luftwiderstand schränkt diese Strecken ein.

Sorgfältige bezügliche Versuche nahm *J. R. Freeman* vor, welcher feststellte, daß bei Windstille die obersten Tropfen eines Feuerwehrstrahles bei einer Druckhöhe h am Strahlenrohranfange aus einer Mündung vom Durchmesser d bei glatter Führung bis zur Höhe

(96) $$s = h - 0{,}000113 \frac{h^2}{d}$$

emporsteigen. Dabei bedeutet h die Summe aus der durch ein Manometer feststellbaren Druckhöhe und der allerdings geringfügigen Geschwindigkeitshöhe am Strahlrohranfange, und muß h zwischen 28 und 49 m, d zwischen 1,9 und 3,5 cm liegen. Bei größerem h oder d bleibe die Steighöhe hinter dem s der Formel (96) zurück. Für

$s =$	15	23	
bis zur Höhe	$0{,}885 s$	$0{,}795 s$	
$s =$	30	38	46
bis zur Höhe	$0{,}735 s$	$0{,}675 s$	$0{,}635 s$

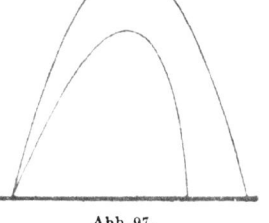

Abb. 97.

bilde der Strahl einen *guten Löschstrahl*, der bei frischer Brise noch brauchbar bleibt. Die größte Sprungweite erreiche der Strahl

bei einer Druckhöhe h von	3,5 bis 7	10	35 m
für den Steigewinkel α von	45°	35 bis 40°	30 bis 34°

7. Vollkommener Überfall in voller Breite über scharfer Kante.

Eine Öffnung, die bis über den Spiegel hinaufreicht, bildet einen Überfall. Als solchen hat denn auch der *Marchese Poleni* in einer 1717 in Padua erschienenen Abhandlung den *vollkommenen* Überfall, das ist den Überfall in freie Luft, behandelt. Er dachte sich die Lücke aus Elementen zusammengesetzt, für die das sogenannte Torricellische Gesetz (14) zutrifft, d. h. durch die der Ausfluß einer beliebigen Flüssigkeit bei einer Tiefenlage z unter dem Spiegel mit der Geschwindigkeit

$$u = \sqrt{2gz}$$

erfolgt. Geschah der Überfall zwischen zwei parallelen, im Abstande b voneinander befindlichen lotrechten Seitenwänden über einer wagrechten Kante, die in der Tiefe h unter dem Spiegel lag, so mußte seiner Ansicht nach jeder Streifen von der Höhe dz den Erguß

$$dQ = b\sqrt{2gz}\,dz$$

und daher der ganze Überfall

(97) $$Q = b\int_0^h \sqrt{2gz}\,dz = \tfrac{2}{3}\sqrt{2g}\,b\,h^{3/2}$$

liefern. Die Erfahrung hat jedoch gelehrt, daß der Erguß erheblich hinter dem von (97) zurückbleibt, und zwar aus ähnlichen Gründen, wie dies beim Ausfluß aus Öffnungen der Fall ist: ein klein wenig hindert die Reibung, stark tut dies die Einschnürung und der Druck im Strahlinnern. Die Einschnürung besteht darin, daß einerseits der Spiegel sich etwas in der Ausflußrichtung senkt und daß anderseits bei scharfer Überfallkante die untere Begrenzung des Strahles oder der „*Nappe*" beträchtlich über die Kante emporsteigt. Die oberen Fäden haben eine geringere Geschwindigkeit als die unteren; es kommt ihnen eine kleinere Sprungweite zu, die Fäden konvergieren, lenken sich gegenseitig ab und erzeugen dadurch den Gegendruck, von dem eben die Rede war. Das Gesetz (14) gilt also (wenn unter der Nappe Atmosphärendruck herrscht) nur für die obersten und untersten Fäden, wie dies auch ein Versuch *Bazins* bestätigt hat, während es im Innern der Sturzmasse bei einem Gegendruck, der um p den Luftdruck übersteigt, durch das Bernoullische Gesetz (16) abgelöst wird. Weil die z nunmehr Tiefenlagen statt Höhenlagen bedeuten, erscheint dieses zu

$$u = \sqrt{2g\left(z - \frac{p}{\gamma}\right)}$$

umgeformt. Neben den erwähnten, den Abfluß hindernden Ursachen ist aber auch eine ihn fördernde vorhanden: die Ankunftsgeschwindigkeit. Die Forschungen sind in der Regel an Gerinnen mit wagrechter Sohle, lotrechten Seiten und einem auf die Sohle gesetzten Wehr vorgenommen worden. Im Gerinne erlangt der Spiegel ein, allerdings schwaches, Gefälle, das zur Erzeugung der Ankunftsgeschwindigkeit verbraucht wird, die Überfallhöhe wird in geringer Entfernung vom Wehr gemessen, nämlich dort, wo die Spiegelsenkung anfängt, unmerklich zu sein, da kommt bei einer mittleren Strömungsgeschwindigkeit U die erlangte Geschwindigkeitshöhe den Einzelgeschwindigkeiten zugute, so daß

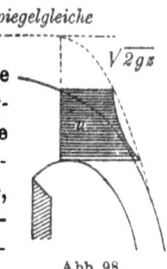

Abb. 98.

(98) $$u = \sqrt{2g\left(z - \frac{p}{\gamma} + \frac{U^2}{2g}\right)}$$

den endgültigen Ausdruck für sie darstellt.

Von Gl. (98) mit $p = 0$ ging *Weisbach* aus, der demnach zur Gleichungsform

(98a) $$Q = \mu b \int_0^h \sqrt{2g\left(z + \frac{U^2}{2g}\right)}\, dz =$$
$$= \frac{2}{3}\mu \sqrt{2g}\, b \left[\left(h + \frac{U^2}{2g}\right)^{3/2} - \left(\frac{U^2}{2g}\right)^{3/2}\right]$$

gelangte, die mit dem von *Francis* 1854 ermittelten Koeffizienten μ (der vom Maßsystem unabhängig ist) als

(98b) $$Q = 1{,}838\, b \left[\left(h + \frac{U^2}{2g}\right)^{3/2} - \left(\frac{U^2}{2g}\right)^{3/2}\right]$$

in den Vereinigten Staaten in häufigem Gebrauch steht. *Bazin* schreibt dagegen bei einer Wassertiefe H im rechteckigen Gerinne, es sei in m³ sec⁻¹

(99) $$Q = b\left[0{,}405 + \frac{0{,}003}{h}\right]\left[1 + 0{,}55\, \frac{h^2}{H^2}\right] h\sqrt{2gh} =$$
$$= b\left[1{,}794 + \frac{0{,}0133}{h}\right]\left[1 + 0{,}55\, \frac{h^2}{H^2}\right] h^{3/2},$$

worin das zweite Klammerglied der Geschwindigkeitshöhe Rechnung trägt. Diese Formel gilt also für einen vollkommenen Überfall über einer $w = H - h$ m über der Gerinnesohle gelegenen scharfen Kante ohne seitliche Einschnürung bei Zutritt der Außenluft unter die von Bazin des Luftzutritts wegen als *frei* bezeichnete Nappe. Seine Versuche führten ihn auf folgende Zahlen:

VI. Ausfluß durch Öffnungen und Überfall

Überfall-höhe in m	Werte von $q:h\sqrt{2gh}$ nach Bazin q Erguß in m³ sec⁻¹ über den lfd. m Wehr. Wehrhöhe w in m						
	0,2	0,3	0,4	0,5	0,6	0,8	1,0
0,10	0,459	0,447	0,442	0,439	0,437	0,435	0,434
0,14	0,466	0,450	0,443	0,438	0,435	0,432	0,430
0,18	0,475	0,456	0,445	0,439	0,435	0,431	0,429
0,22	0,484	0,462	0,449	0,442	0,437	0,431	0,429
0,26	0,492	0,468	0,455	0,446	0,440	0,432	0,429
0,30	0,500	0,475	0,460	0,450	0,443	0,434	0,430
0,34	0,507	0,481	0,464	0,454	0,446	0,437	0,431
0,38	0,513	0,486	0,469	0,458	0,449	0,439	0,432
0,42		0,491	0,474	0,461	0,452	0,441	0,434
0,46		0,496	0,478	0,465	0,456	0,443	0,435
0,50		0,500	0,482	0,468	0,459	0,445	0,437
0,54		0,504	0,485	0,472	0,461	0,447	0,439
0,58		0,508	0,489	0,475	0,464	0,450	0,440

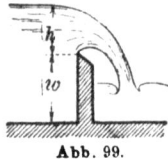

Abb. 99.

Die genaueste heutige Formel ist die von *Rehbock* auf Grund von Messungen im Karlsruher Flußbau-Laboratorium aufgestellte, welche bei scharfkantigem Wehr für eine Wehrhöhe w

$$(100) \quad Q = \frac{2}{3}b\left(0{,}605 + \frac{1}{1050\,h - 3} + 0{,}08\frac{h}{w}\right)h\sqrt{2gh} =$$

$$= b\left(1{,}787 + \frac{2{,}925}{1050\,h - 3} + 0{,}236\frac{h}{w}\right)h^{3/2} \quad \text{lautet.}$$

Trägt man nicht Sorge, daß die äußere Luft unter den Strahl zutritt, so kann sich hier ein luftverdünnter Raum bilden. Die Wasserteilchen stehen dann unter einem Druckunterschied von oben und unten, der ihre Sprungweiten verringert, so daß es aussieht, als ob ihre Geschwindigkeit kleiner als im freien Strahl wäre. Es ist aber das Gegenteil der Fall, denn bei einem Unterdruck p wird z. B. an der Unterfläche der *gedrückten* Nappe

$$u = \sqrt{2g\left(z + \frac{p}{\gamma} + \frac{U^2}{2g}\right)} \quad \text{gegen früher} \quad \sqrt{2g\left(z + \frac{U^2}{2g}\right)}$$

und nicht unähnlich nimmt u in der ganzen Sturzmasse zu.

Die in Rede stehenden Überfälle dienen mit freier Nappe aus dem gleichen Grunde wie die Ausflüsse aus Löchern mit scharfem Rand besonders zu Messungen, scheint es doch, daß bei sorgfältiger Ausführung man mit Rehbocks Formel kein Hundertstel Fehler bei Bestimmung des Ergusses Q begeht.

8. Vollkommener Überfall in voller Breite über Wehrrücken.

Zum Unterschiede von den Meßwehren besitzen die Wehre der Mühlen und Kraftanlagen zwar die verschiedensten Formen, aber niemals scharfe Kanten. Dementsprechend sind auch die Überfall-

Meßüberfall. Breiter Wehrrücken

koeffizienten sehr verschieden, und weil der Unterdruck wechselt, weisen sie unter Umständen bei ähnlicher Gestalt und sogar bei gleichem Bau, aber anderer Überfallshöhe, recht abweichende Koeffizienten auf Beispielsweise fand *Bazin*, daß bei gleicher Überfallshöhe h für trapezförmige, an den Ecken etwas abgerundete Querschnitte Q in folgendem Verhältnisse zum Q der Formel (99) steht.

		Wehrh. 0,5 Kronenbr. 0,1 Höhe : Fuß				Wehrh. 0,75 Kronenbr. 0,4 Höhe : Fuß		
Böschung stromauf „ stromab		lotr. 1 : 1	lotr. 1 : 2	lotr 1 : 3	lotr 1 : 5	lotr. 1 : 2	1 : 2 1 : 2	2 : 1 1 : 4	2 : 1 1 : 6
Überfall- höhe h	0,1 m	0,885	0,865	0,85	0,825	0,75	0,785	0,795	0,79
	0,2 „	1,065	0,995	0,96	0,89	0,77	0,82	0,825	0,83
	0,3 „	1,18	1,06	0,985	0,905	0,82	0,87	0,855	0,85
	0,4 „	1,145	1,04	0,985	0,905	0,865	0,91	0,88	0,87

Durch ihren großen Maßstab zeichneten sich die Versuche aus, die *Rafter* in der Cornell-Universität an den Bazinschen ähnlichen, aber 1,4 bis 1,5 m hohen trapezförmigen Wehren durchführte. Sie gaben für $\frac{2}{3}\mu \sqrt{2g}$ der Formel $Q = \frac{2}{3}\mu \sqrt{2g}\, b h^{3/2}$ folgende Werte:

Kronenbreite m Böschung stromauf „ stromab	0,1 1 : 2	0,2 1 : 2	0,2 1 : 5 lotrecht	0,2 1 : 4	0,2 1 : 3	0,0 1 : 2 1 : 1	0,1 1 : 2 1 : 2	0,2 1 : 2 1 : 5	0,8	0,8* lotrecht	2,0	2,0* „
Überfall- höhe in m 0,15	1,85	1,78	1,83		2,01	2,33	1,78	1,82	1,43	1,63	1,38	1,50
0,30	2,03	1,70	1,84	1,90	2,11	2,34	1,90	1,97	1,47	1,66	1,43	1,56
0,60	2,08	2,02	1,85	1,92	2,04	2,19	1,99	1,94	1,57	1,70	1,37	1,57
0,91	2,03	2,03	1,86	1,92	1,96	2,11	2,02	1,93	1,66	1,79	1,39	1,58
1,22	2,04	2,04	1,87	1,92	1,96	2,06	2,02	1,95	1,77	1,87	1 44	1,60
1,52	2,05	2,05	1,87	1,92	1,96	2,03	2,01	1,97	1,87	1,92	1,49	1,63

Bei den mit einem Stern bezeichneten beiden Wehren war das Trapez am stromauf gelegenen Kroneneck mit einem Bogen von 4 Zoll = 102 mm Halbmesser abgerundet.

Nach *Rehbock* liefern Wehre mit stromauf lotrechter Wand, die mittels einer abgerundeten Krone vom Halbmesser r in eine geneigte Abfallebene übergehen, die unter einem Winkel von 60^0 gegen die Wagrechte geneigt ist,

$$(100\,\mathrm{a})\, Q = \frac{2}{3}b\left[0{,}845 - 0{,}0206\left(3{,}8 - \frac{h}{r}\right)^2 + \frac{h}{12w}\right] h\sqrt{2gh} =$$

$$= \left[2{,}495 - 0{,}06084\left(3{,}8 - \frac{h}{r}\right)^2 + 0{,}2461\frac{h}{w}\right] b h^{3/2}$$

Für $h > 0{,}4w + 0{,}5r$ wird (100a) ungültig.

9. Vollkommener Überfall mit Seiteneinzwängung über scharfer Kante.

Erfolgt der Überfall nicht in der vollen Breite B des Gerinnes, sondern nur durch einen rechteckigen Ausschnitt von der Lichtweite b

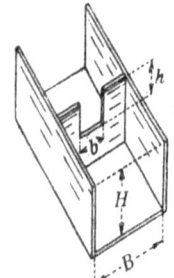

Abb. 100.

und bezeichnet h die Höhe des Oberwasserspiegels über der Wehrkante und H dessen Höhe über der Gerinnensohle, so ist nach *F. Frese* (zum Teil auf Grund seiner eigenen Versuche in Hannover) der Erguß

$$(101) \quad Q = \left[0{,}5755 + \frac{0{,}017}{h + 0{,}18} - \frac{0{,}075}{b + 1{,}2}\right] \cdot \left[1 + \left(0{,}25 \frac{b^2}{B^2} + 0{,}25 + \frac{0{,}0375}{\frac{h^2}{H^2} + 0{,}02}\right) \frac{h^2}{H^2}\right] \frac{2}{3} b h \sqrt{2 g h}$$

Diese Formel, in welcher der zweite Klammerausdruck von der Ankunftsgeschwindigkeit herrührt, verliert ihre Gültigkeit, wenn $h < 0{,}1$, oder wenn für $h = 0{,}2$ bzw. $0{,}6$ m die Breite $b < 0{,}1$ bzw. $0{,}5$ ist. Auch muß für

$b:B =$	0,9	0,8	0,7	0,5	0,3	0,2	0,1
$h:H <$	0,1	0,2	0,3	0,4	0,5	0,7	1,0

bleiben. Nach (101) zeigen die Versuche, daß die Seiteneinzwängung den Ausfluß vermindert, wie dies übrigens von vornherein zu vermuten war. Nach Versuchen von *Hégly* sei

$$(101\,\text{a}) \quad Q = \left[0{,}405 - 0{,}030 \frac{B-b}{B} + \frac{0{,}0027}{h}\right] \left[1 + 0{,}55 \frac{b^2 h^2}{B^2 H^2}\right] b h \sqrt{2 g h}.$$

Beispiel. In einem rechteckigen, 3,5 m breiten Gerinne hat man eine Querwand mit 1,2 m breitem rechteckigen Ausschnitt errichtet, dessen Kante 0,476 m über dem Gerinneboden zu liegen kam. Wie groß war der Ausfluß, als der Oberwasserspiegel sich 0,324 m über der Wehrkante stellte? — Man hatte vorgesorgt, daß der Unterwasserspiegel tiefer als die Wehrkante blieb. Freses Formel (101) zeigt sich zulässig und gibt

$$Q = \left\{0{,}5755 + \frac{0{,}017}{0{,}324 + 0{,}18} - \frac{0{,}075}{1{,}2 + 1{,}2}\right\}$$

$$\left\{1 + \left[0{,}25 \frac{1{,}44}{12{,}25} + 0{,}25 + \frac{0{,}0375}{\frac{0{,}105}{0{,}64} + 0{,}02}\right] \frac{0{,}105}{0{,}64}\right\} \frac{2}{3} \, 1{,}2$$

$$\cdot 0{,}324 \sqrt{19{,}62 \cdot 0{,}324} = \{0{,}5755 + 0{,}0378 - 0{,}0313\} \cdot \{1 + [0{,}0294 + 0{,}2500 + 0{,}2034] \, 0{,}1641\} \, 0{,}6534 = 0{,}5779 \cdot 1{,}079 \cdot 0{,}6534 = 0{,}407 \text{ m}^3$$

sec^{-1}. Nach Hégly fände man $Q = \left(0{,}405 - 0{,}030 \frac{2{,}3}{3{,}5} + \frac{0{,}0027}{0{,}324}\right) \left[1 + 0{,}55 \left(\frac{1{,}2 \cdot 0{,}324}{3{,}5 \cdot 0{,}8}\right)^2\right] \cdot 1{,}2 \cdot 0{,}324^{3/2} \cdot 4{,}43 = 0{,}3986 \cdot 1{,}0106 \cdot 0{,}9803 = 0{,}389 \text{ m}^3 \text{sec}^{-1}$

10. Unvollkommener Überfall.

Wenn der Unterwasserspiegel höher als der Wehrrücken oder die Wehrkante steigt, geht das Überfallwehr oder vollkommene Wehr

Eingezwängter Überfall. Unvollkommener Überfall

in ein *Grundwehr* über und wird der Überfall *unvollkommen*. Die Vollkommenheit oder Unvollkommenheit eines Überfalles hängt also von der jeweiligen Lage des Unterwasserspiegels ab. Bisher liegen für unvollkommene Überfälle nur wenige Untersuchungen vor, die noch nicht zu einem zuverlässigen Ergebnis geführt haben. Am logischsten scheint heute der Vorgang

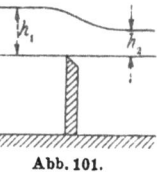

Abb. 101.

Weisbachs, der die Fläche zwischen Ober- und Unterwasserspiegel als Überfall, die zwischen Unterwasserspiegel und Wehrkante als Ausfluß betrachtet und für die beiden Flächen getrennte Koeffizienten μ_{ob} und μ_{unt} einführt. Hiermit ergibt sich für den Austritt Q in voller Breite b, wenn man den Höhenunterschied zwischen dem Oberwasser und der Wehrkante mit h_1, jenen zwischen dem Unterwasser und der Wehrkante mit h_2 bezeichnet, bei einer Ankunftsgeschwindigkeit U gemäß (98a) und (94a)

$$(102) \quad Q = \text{Überfall} + \text{Ausfluß} = \frac{2}{3}\mu_{ob}\sqrt{2g}\,b\left[\left(h_1 - h_2 + \frac{U^2}{2g}\right)^{3/2} - \left(\frac{U^2}{2g}\right)^{3/2}\right] + \mu_{unt}\sqrt{2g}\,bh_2\left(h_1 - h_2 + \frac{U^2}{2g}\right)^{1/2}.$$

Leider sind μ_{ob} und μ_{unt} nicht näher bekannt, so daß man sich begnügen muß, sie auf Grund oben angegebener Zahlen etwa = 0,63 zu setzen. Bei verschwindendem Wehr muß $\mu_{unt} = 1$ werden.

Beispiel. Ein Flüßchen führt während eines Hochwassers 62 m³ sec⁻¹, wovon 26 m³ sec⁻¹ unmittelbar oberhalb eines Wehres abgeleitet werden, während die bleibenden 36 m³ sec⁻¹ sich über das Wehr ergießen und im Unterwasser mit 1,9 m Wassertiefe abfließen. Das Wehr selbst erhebt sich 1,3 m über der Sohle und hat 15 m Länge. Wie hoch ist der Stau? — Nehmen wir zunächst die Ankunftsgeschwindigkeit U zu 1,5 m sec⁻¹ an. Mit $\sqrt{2g} = 4{,}43$ und $\dfrac{U^2}{2g} = 0{,}115$ lautet

dann Gl. (102) $36 = \dfrac{2}{3} \cdot 0{,}63 \cdot 4{,}43 \cdot 15\,[(h_1 - h_2 + 0{,}115)^{3/2} - 0{,}115^{3/2}] +$
$+\ 0{,}63 \cdot 4{,}43 \cdot 15 \cdot 0{,}6\,[h_1 - h_2 + 0{,}115]^{1/2} = 27{,}91\,[(h_1 - h_2 + 0{,}115)^{3/2} -$
$-\ 0{,}039] + 25{,}12\,(h_1 - h_2 + 0{,}115)^{1/2}$ und ergibt

für $h_1 - h_2 + 0{,}115$	= 0,5	0,6	0,7
$(h_1 - h_2 + 0{,}115)^{3/2}$	= 0,354	0,465	0,586
$(h_1 - h_2 + 0{,}115)^{3/2} - 0{,}39$	= 0,315	0,426	0,547
$(h_1 - h_2 + 0{,}115)^{1/2}$	= 0,707	0,775	0,837
$27{,}91\,[(\ldots)^{3/2} - \ldots] + 25{,}12\,(\ldots)^{1/2}$	= 26,55	31,36	36,32

Betrachten wir jetzt 36,32 m³ sec⁻¹ als genügend zutreffend, so ist wegen $h_1 - h_2 + 0{,}115 = 0{,}7$ m und $h_2 = 1{,}9 - 1{,}3 = 0{,}6$ m die Oberwasserhöhe über dem Wehr $h_1 = 0{,}7 + 0{,}6 - 0{,}115 = 1{,}185$ m. Dann hat man für den Flußquerschnitt oberhalb des Wehres $(1{,}3 + 1{,}185) \cdot 15 = 37{,}3$ m², und, weil fast bis zum Wehr 62 m³ sec⁻¹ laufen, eine Ankunftsgeschwindigkeit $U = 62 : 37{,}3 = 1{,}66$ oder eine Geschwindigkeitshöhe $\dfrac{U^2}{2g} = 0{,}140$ m. Der Unterschied dieses Wertes und des früheren von 0,115 kann als vernachlässigbar gelten. Wollte man noch größere Genauigkeit erzielen, so müßte man die frühere Rechnung mit

$$36 = 27{,}91\left[(h_1 - h_2 + 0{,}140)^{3/2} - 0{,}140^{3/2}\right] + 25{,}12\,(h_1 - h_2 + 0{,}140)^{1,2}$$

wiederholen.

11. Strömung unter dem Wehr.

Das über das Wehr stürzende Wasser erlangt durch den Fall eine mehr oder weniger große Geschwindigkeit, die bei einem Weiterlauf allmählich durch die Reibung aufgezehrt, d. h. in die der gleichförmigen Bewegung verwandelt wird. Beträgt die Sturzhöhe, das ist der Spiegelhöhenunterschied hinter und vor dem Wehr h_0, so kann man annehmen, daß der Sturz die Geschwindigkeit $U_0 = \sqrt{2gh_0}$ erzeugt und daß U_0 stromab nach Gl. (67)

$$J = \frac{U^2}{c^2 R} + \frac{1}{2g} \cdot \frac{d(U^2)}{dx}$$

abnimmt. Für eine Tiefe z und das Sohlengefälle i geht diese Gleichung, wie schon durch (71) ausgedrückt, in

$$i - \frac{dz}{dx} = \frac{U^2}{c^2 z} + \frac{1}{2g} \cdot \frac{d(U^2)}{dx}$$

über. Ist das Sohlengefälle i dem Spiegelgefälle $i - \dfrac{dz}{dx}$ gegenüber vernachlässigbar, so läßt sich Gl. (71) zu

$$-\frac{dz}{dx} = \frac{U^2}{c^2 z} + \frac{1}{2g} \cdot \frac{d(U^2)}{dx}$$

vereinfachen; läuft über die Breiteneinheit des Flusses ein Durchfluß $q = Uz$, so kann man statt des eben gegebenen Ausdruckes, weil q als konstant zu betrachten ist, auch

$$-\frac{dz}{dx} = \frac{q^2}{c^2 z^3} + \frac{1}{2g}\frac{d\left(\dfrac{q^2}{z^2}\right)}{dx} = \frac{q^2}{c^2 z^3} - \frac{q^2}{g z^3}\frac{dz}{dx}$$

schreiben, oder $\qquad dx = \left(\dfrac{c^2}{g} - \dfrac{c^2 z^3}{q^2}\right) dz.$

Die Integration liefert, wenn an der Stelle x_0 die Tiefe z_0 beträgt,

(103) $\qquad x = \dfrac{c^2}{g}(z - z_0) - \dfrac{c^2}{4q^2}(z^4 - z_0^4).$

Diese Gleichung kann benützt werden, um zu ermitteln, wie sich bei einem Laufe, der an einer bestimmten Stelle x_0 eine große Geschwindigkeit U_0 besitzt, die Geschwindigkeit stromab ermäßigt. Die Entwicklung setzte voraus, daß keine Eintiefung der Sohle stattfindet; andernfalls bewirkt die Eintiefung eine wesentliche Verringerung der Geschwindigkeit.

Beispiel: Man habe an einem Wehr die Überfallhöhe $h_0 = 3$ m, den Erguß $q = 5$ m³ sec^{-1} (nämlich m³·sec^{-1} für den m Flußbreite), also unmittelbar am Wehr $U_0 = \sqrt{2gh_0} = \sqrt{58{,}86} = 7{,}7$ m sec^{-1}, $z_0 = q : U_0 =$

Strömung unter dem Wehr. Streichwehr

$= 5 : 7{,}7 = 0{,}65$ m. Die Sohle soll stromab bis zu der Stelle versichert werden, wo die mittlere Geschwindigkeit 3 m sec^{-1} beträgt; c kann man gleich 50 m$^{1/2}$ sec^{-1} annehmen. Man hat $z = q : U = 5 : 3 = 1{,}67$ m und erhält $x = \dfrac{2500}{9{,}81}(1{,}67 - 0{,}65) - \dfrac{2500}{100}(7{,}78 - 0{,}18) = 260 - 190 = 70$ m. Bei einer rauhen Sohlenversicherung, nämlich für $c = 20$ m$^{1/2} \cdot$ sec^{-1} findet man $\dfrac{400}{2500} 70 = 11{,}2$ m.

Für gemauerte oder in Beton gestampfte Sturzbetten empfiehlt *Th. Rehbock* nachstehende Längen in m:

bei Überfallwehren $1{,}5\, w + 6 h_{max}$ bis $2\, w + 8 h_{max}$
bei Grundwehren $4\, w + 2 h_{max}$ bis $8\, w + 4 h_{max}$,

hier bedeutet w die Höhe des Wehrrückens über der Unterwassersohle und h_{max} den größten Höhenunterschied zwischen Ober- und Unterwasserspiegel.

12. Streichwehr-Überfall.

Um zu verhindern, daß in einem Werksgraben, Siel oder dgl. der Spiegel über eine bestimmte Höhe steige, habe man eine Strecke der Seitenwand als Streichwehr mit wagrechter Rückenlinie ausgebildet. Über das Streichwehr stürzt dann das überschüssige Wasser ungefähr senkrecht zu seiner allgemeinen Fließrichtung, daher ohne „Ankunftsgeschwindigkeit". Werden vom unteren Wehrende als Ursprung die Entfernungen x stromauf gemessen, bezeichnet Q den an der Stelle x noch im Gerinne gebliebenen Durchfluß, b die wechselnde Gerinnebreite, h die Wassertiefe im Gerinne, n die Ganguillet-Kuttersche Rauhigkeit und z die Spiegelhöhe über der Wehrkrone, so stellt $\dfrac{dz}{dn}$ das Längsgefälle dar und ist daher einerseits in Hinblick auf das Gerinne

$$(104) \qquad Q = b h \cdot \frac{h^{0,7}}{n} \left(\frac{dz}{dx}\right)^{0,5} \quad \text{oder} \quad Q^2 = \frac{1}{n^2} b^2 h^{3,4} \frac{dz}{dx}$$

und anderseits, in Hinblick auf das Streichwehr

$$(104\,\text{a}) \qquad dQ = \frac{2}{3} \mu \sqrt{2g}\, z^{3/2}\, dx = \text{ungefähr } 1{,}9\, z^{3/2}\, dx.$$

Bei unveränderlicher Breite wird der Durchfluß stromab wesentlich kleiner und fällt, wie Versuche von *Engels* gezeigt haben, der Spiegel stromauf, wodurch die Wirkung des Streichwehres beeinträchtigt wird. Es werde daher durch Breitenänderung eine durchweg gleiche Strömungsgeschwindigkeit oder algebraisch ausgedrückt

$$(104\,\text{b}) \qquad Q : b = Q_0 : b_0$$

erzielt, worin b_0 und Q_0 sich auf das untere Ende des Wehres beziehen, während die Veränderung der Tiefe h gering sei und vernachlässigt werde. Die Vereinigung von Gl. (104) und (104 b) liefert

$$(104\,\text{c}) \qquad \frac{dz}{dx} = \frac{n^2 Q_0^2}{b_0^2 h^{3,4}}.$$

VI. Ausfluß durch Öffnungen und Überfall

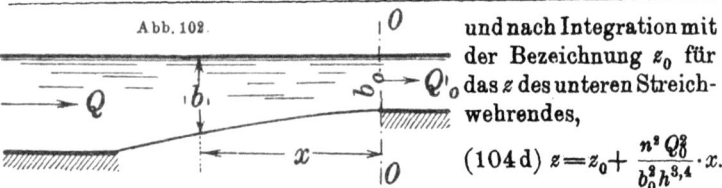
Abb. 102.

und nach Integration mit der Bezeichnung z_0 für das z des unteren Streichwehrendes,

(104d) $\quad z = z_0 + \dfrac{n^2 Q_0^2}{b_0^2 h^{3,4}} \cdot x$.

Man setzt z in Gl. (104a) ein und erhält

$$dQ = \frac{2}{3} \mu \sqrt{2g} \left(z_0 + \frac{n^2 Q_0^2}{b_0^2 h^{3,4}} x\right)^{3/2} dx$$

oder $\quad \dfrac{3}{2\mu\sqrt{2g}} dQ = \left(\dfrac{n^2 Q_0^2}{b_0^2 h^{3,4}}\right)^{3/2} \left(\dfrac{b_0^2 h^{3,4} z_0}{n^2 Q_0^2} + x\right)^{3/2} dx$

oder $\quad \dfrac{3}{3\mu\sqrt{2g}} \cdot \left(\dfrac{b_0^2 h^{3,4}}{n^2 Q_0^2}\right)^{3/2} dQ = \left(\dfrac{b_0^2 h^{3,4} z_0}{n^2 Q_0^2} + x\right)^{3/2} dx$

oder, integriert von Q_0 bis Q bzw. 0 bis x,

(104e) $\quad \dfrac{3}{2\mu\sqrt{2g}} \left(\dfrac{b_0^2 h^{3,4}}{n^2 Q_0^2}\right)^{3/2} (Q - Q_0) = \dfrac{2}{5}\left[\left(\dfrac{b_0^2 h^{3,4} z_0}{n^2 Q_0^2} + x\right)^{5/2} - \left(\dfrac{b_0^2 h^{3,4} z_0}{n^2 Q_0^2}\right)^{5/2}\right]$.

Diese Gl. (104e) gibt die für die Verminderung von Q auf Q_0 nötige Streichwehrlänge x; dann liefert Gl. (104d) die Spiegelhöhe z am Wehroberende, von wo aus eine Übergangskurve des Spiegels in den eingefaßten Obergraben hineinreicht.

Beispiel 1. Im Obergraben von 10 m Weite am Streichwehrende sollen $Q_0 = 16$ m³ sec⁻¹ weiterfließen, wenn am Streichwehranfang 30 m³ sec⁻¹ $(= Q)$ in ihn eintreten; $\dfrac{1}{n}$ sei $= 40$ m^{0,3} sec⁻¹, die Überfallhöhe z_0 am Streichwehrende $= 0{,}10$ m und die Wassertiefe etwa 2,14 m. Wie lang muß man den Überfall machen? — Es könne $\dfrac{2}{3}\mu\sqrt{2g} = 1{,}9$ gesetzt werden; ferner zeigt sich $\dfrac{b_0^2 h^{3,4}}{n^2 Q_0^2} = \dfrac{40^2 \cdot 10^2 \cdot 2{,}14^{3,4}}{16^2} = \dfrac{1600 \cdot 100 \cdot 13{,}28}{256} =$
$= 8300$. Gl. (104e) wird $\dfrac{1}{1{,}9} (8300)^{3/2} (30 - 16) = \dfrac{2}{5}\left[(8300 \cdot 0{,}1 + x)^{5/2} - (8300 \cdot 0{,}1)^{5/2}\right]$ oder $\dfrac{1}{1{,}9} \cdot 756130 \cdot 14 \cdot \dfrac{5}{2} = (830 + x)^{5/2} - 19848000$ oder $13929000 + 19848000 = 33727000 = (830 + x)^{5/2}$ oder $1026 = 830 + x$, d. h. man mache die Streichwehrlänge $x = 196$ m. Im Punkte $x = 196$ m wird nach Gl. (104d) die Überfallhöhe $z = z_0 + x \dfrac{n^2 Q_0^2}{b_0^2 h^{3,4}} = 0{,}100 +$
$+ \dfrac{196}{8300} = 0{,}124$ m.

2. Welche Breiten hat obengenannter Werkgraben 60 bzw. 120 m stromauf vom Streichwehrende zu erhalten? — Allgemein gilt für diesen Graben nach Gl. (104e) nach Multiplikation beider Gleichungsseiten mit $\dfrac{5}{2}$ der Ansatz $\dfrac{1}{1{,}9} (8300)^{3/2} (Q - 16) \dfrac{5}{2} = (830 + x)^{5/2} - (830)^{5/2}$

oder $\frac{1}{1,9} 756130 (Q-16)\frac{5}{2} = 994900 (Q-16) = (830+x)^{5/2} - 19848000$.

Für $x = 60$ bzw. 120 m ist daher $994900 (Q-16) = (890)^{5/2} - 19848000$ bzw. $(950)^{5/2} - 19848000$ also $= 23631000 - 19848000$ bzw. $27817000 - 19848000$ oder $= 3783000$ bzw. 7969000. Demnach findet sich $Q - 16 = 3,81$ bzw. 8,02 oder $Q = 19,81$ bzw. 24,04, womit sich die Grabenbreite nach Gleich. (104b) zu $19,81 \cdot 10 : 16 = 12,34$ bzw. zu $24,02 \cdot 10 : 16 = 15,01$ m bestimmt.

Zu diesen Rechnungen muß bemerkt werden, daß μ für Streichwehre wenig bekannt ist. Setzt man für die praktische Ausführung im Beispiel 1 vorsichtshalber $\frac{2}{3}\mu\sqrt{2g}$ nur $0,7 \cdot 1,9$ statt $= 1,9$, so erhält man als Wehrlänge 266 m statt 196 m.

Wenn im Gegensatz zur bisherigen Annahme der Werkgraben mit gleichmäßiger Breite längs des Streichwehres läuft, so gilt für die in ihm stattfindende Strömung, falls sein mittlerer Querschnitt mit F, sein Profilradius mit R bezeichnet wird, der Index 0 sich wieder auf das stromabgelegene Ende des Streichwehres bezieht, i dessen Gefälle bedeutet und im übrigen die vorhergehenden Bezeichnungen beibehalten werden,

(104f) $\quad z_0 - z = \dfrac{Q^2 - Q_0^2}{2gF^2} - \left(\dfrac{Q+Q_0}{2F}\right)^2 \cdot \dfrac{n^2}{R^{1,4}} x + ix$.

Zugleich besteht, weil die mittlere Höhe des Streichwehrüberfalles ungefähr $\frac{1}{2}(z_0 + z)$ beträgt, die Beziehung

(104g) $\quad (Q - Q_0)^{2/3} = \left(\dfrac{2}{3}\mu\sqrt{2g}\right)^{2/3} \dfrac{z_0 + z}{2} x^{2/3}$.

Aus (104f) und (104g) lassen sich, wenn zwei Größen unbekannt sind, dieselben finden.

Beispiel. Es sei $Q = 30$ m³sec⁻¹, $Q_0 = 16$ m³sec⁻¹, $F = 32$ m² $R = 1,6$ m, $1 : n = 80$ m^{0,3} sec⁻¹, $z_0 = 0,15$ m, $i = 0,0001$. Zu suchen sei x und z. Aus den gegebenen Größen folgt $Q^2 - Q_0^2 = 900 - 256 = 644$, $2gF^2 = 2 \cdot 9,81 \cdot 1024 = 20090$, $(Q^2 - Q_0^2) : 2gF^2 = 644 : 20090$, $(Q+Q_0)^2 : 4F^2 = 2116 : 4096 = 0,5165$, $R^{1,4} : n^2 = 1,931 \cdot 6400 = 12353$, $(Q+Q_0)^2 n^2 : 4F^2 R^{1,4} = 0,5165 : 12353 = 0,0000418$. Also lautet (104f): $0,150 - z = 0,032 - 0,0000418 x + 0,0001 x$ und (104g): $(30-16)^{2/3} = 1,9^{2/3} \frac{1}{2}(z + 0,15) x^{2/3}$ Die beiden Ausdrücke geben vereinfacht $z = 0,118 - 0,0000582 x$ und $7,572 = (z + 0,15) x^{2/3}$ oder $7,572 = (0,268 - 0,0000582 x) x^{2/3}$ oder $130300 = (4606 - x) x^{2/3}$ mit den Lösungen $x = 159$ und 4097 m und z am Anfange des Überfalles $= 0,118 - 0,0000582 \cdot 159$ bzw. $= 0,118 - 0,0000582 \cdot 4097$, also $z = 0,109$ bzw. $- 0,120$ m.

13. Gefäßentleerung.

Mit Hilfe der Grundformel (88) ist man in der Lage, die zur Entleerung eines Behälters notwendige Zeit zu berechnen. Es werde angenommen, daß der Behälter einen ebenen Boden, lotrechte Wände und die Grundfläche F besitze, und daß seine Entleerung durch einen

hart am Boden befindlichen „*Grundablaß*" von der Öffnungsfläche f erfolgt. Dann fließt, wenn die Wassertiefe z beträgt, in der Zeit dt die Menge
(105) $$dQ = \mu f \sqrt{2gz}\, dt$$
aus (worin μ wie bisher die Ausflußzahl bedeutet). Ebensoviel Wasser muß der Behälter in dieser Zeit verloren haben, womit sich für die Spiegelsenkung in der Zeit dt
(105a) $$dQ = -F\, dz$$
und in Verbindung mit Gl. (105)
(105b) $$\tfrac{1}{2}\mu \sqrt{2g}\,\tfrac{f}{F}\, dt = -\frac{dz}{2\sqrt{z}}$$
oder nach Integration $\tfrac{1}{2}\mu \sqrt{2g}\,\tfrac{f}{F}\, t = -\sqrt{z} + \text{konst}$
ergibt. Legt man den Zeitanfang an den Beginn des Leerlaufens und bezeichnet man die ursprüngliche Füllhöhe mit h, so hat man
$$\tfrac{1}{2}\mu \sqrt{2g}\,\tfrac{f}{F}\, t = \sqrt{h} - \sqrt{z} \quad \text{oder} \quad t = \frac{2F}{f}\frac{\sqrt{h}-\sqrt{z}}{\mu \sqrt{2g}},$$
daher für den vollständigen Leerlauf, der nach Ablauf der Zeit T erfolge,
(105c) $$T = \frac{2\sqrt{h}\, F}{\mu \sqrt{2g}\, f} = \frac{2hF}{\mu \sqrt{2gh}\, f},$$
worin hF den Behälterinhalt darstellt. Die Entleerung erfolgt also trotz stets abnehmender Auslaufgeschwindigkeit nach einem endlichen Zeitaufwand, der nur doppelt so groß ist, wie er wäre, wenn die Entleerung bis zu Ende unter der Anfangsdruckhöhe vor sich ginge, denn da hätte man einen ständigen Erguß $= \mu \sqrt{2gh}\, f$ und den Zeitaufwand $= hF : \mu \sqrt{2gh}\, f$.

Für ein Becken mit veränderlichen wagrechten Querschnitten tritt die Gleichung
(106) $$\mu \sqrt{2g}\, f\, dt = -F\frac{dz}{\sqrt{z}}$$
an die Stelle von (105b). Man hat dann vorkommenden Falles das Integral
(106a) $$T = \frac{1}{\mu \sqrt{2g} \cdot f} \int_0^h F \frac{dz}{\sqrt{z}}$$
aufzusuchen, in welchem F als Funktion der Tiefe z auszudrücken ist.

Beispiel. Wie lange braucht der Leerlauf eines 10 m tiefen Weihers, der (s. Abb.) einen Huf von der Gleichung (in m)
$$10 + z = \frac{x^2}{250} + \frac{y^2}{100\,000}$$
bildet? — Die Entleerung erfolge knapp am Boden durch eine 0,4 m breite und 0,5 m hohe rechteckige Öffnung mit abgeschrägten Kanten, an die eine 3 m lange

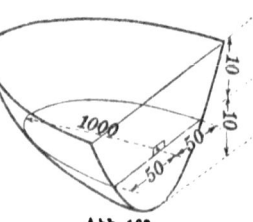

Abb. 103.

wagrechte Rinne nach außen anschließt. Wir schätzen $\mu = 0{,}67$, haben $f = 0{,}2$, $\sqrt{2g} = 4{,}43$ und für die elliptischen wagrechten Schnitte die Halbachsen und die Fläche

$$x_1 = \sqrt{250}\sqrt{10+z}, \quad y_1 = \sqrt{100000}\sqrt{10+z}, \quad F = \frac{\pi}{2}x_1 y_1 = \frac{\pi}{2} 5000 (10+z).$$

Gl. (106a) gibt

$$T = \frac{1}{0{,}67 \cdot 4{,}43 \cdot 0{,}2} \int_0^{10} \frac{\pi}{2} 5000 (10+z) \frac{dz}{\sqrt{z}} = \frac{2500\,\pi}{0{,}67 \cdot 4{,}43 \cdot 0{,}2} \left[20\sqrt{z} + \tfrac{2}{3}\sqrt{z^3} \right]_0^{10}$$

oder $T = 13231 \left(20 + \tfrac{20}{3}\right) \sqrt{10} = 1116000$ sec $= 12$ Tage 22 Stunden $-$ Min.

VII. Der Wasserstoß.

1. Die Reaktion.

Die Resultierende aller Drucke, welche eine ruhende Flüssigkeit vom Eigengewichte γ auf ihren Behälter ausübt, stimmt, wenn man vom äußeren Luftdrucke absieht, mit ihrem Gewichte überein. Wird nun in der Tiefe h eine Seitenöffnung von der Fläche F mit gut abgerundetem und geglättetem Mundstück aufgemacht, so entfällt ein hydrostatischer Druck $\gamma h F$. Man sollte daher denken, und hat es auch geglaubt, daß das Gefäß bei einem Vorgange wie dem geschilderten neben der Schwere nur der senkrecht zur Öffnung nach innen gerichteten Mittelkraft der verbliebenen Flüssigkeitsdrucke ausgesetzt sei. Wir verdanken es *Daniel Bernoulli*, 1741, daß diese Ansicht als Irrtum erkannt wurde: die geäußerte „Reaktion" ist doppelt so groß und entstammt dem Umstande, daß in der Zeiteinheit der Masse $\frac{\gamma F v}{g}$ die Geschwindigkeit $v = \sqrt{2gh}$ erteilt wird. Das erfordert eine beschleunigende Kraft

(107) $$P = \frac{\gamma F v}{g} \cdot v = 2\gamma F h.$$

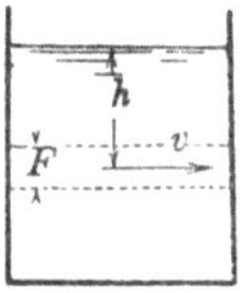

Abb. 104.

Hat man es mit einem eingeschnürten Strahl von der Ausflußzahl μ und der Geschwindigkeitszahl φ, also der Geschwindigkeit $\varphi\sqrt{2gh}$ zu tun, so führt die Wiederholung der Betrachtung auf die Reaktion

(107a) $$P = \frac{\gamma}{g} \mu F \sqrt{2gh} \cdot \varphi\sqrt{2gh} = 2\gamma\mu\varphi F h = 2\gamma\varphi^2 \psi F h,$$

worin ψ die Einschnürungszahl darstellt und φ^2, wie oben S. 78 gesagt, nicht viel von eins verschieden zu sein pflegt.

2. Der Strahldruck.

Wenn ein Wasserstrahl eine genug große Platte trifft, wiederholen sich die eben angestellten Betrachtungen. Trifft der Strahl die Platte senkrecht, so wird in der Zeiteinheit die ursprüngliche Bewegungsgröße $\frac{\gamma Q v}{g}$ vollständig aufgehoben, denn das Wasser verläßt die Platte senkrecht zu seiner ursprünglichen Bewegungsrichtung. Man hat also für den *Strahldruck P*, wenn Q den Ausfluß, F den Strahlquerschnitt, v die Strahlgeschwindigkeit und h dessen Geschwindigkeitshöhe bedeutet,

$$P = \frac{\gamma Q}{g} \cdot v = \frac{\gamma}{g} \cdot Fv \cdot v = \gamma F \frac{v^2}{g}$$

(108)   oder $P = 2\gamma F h.$

Der *gerade* Wasserstoß gegen eine ebene Fläche ist also gleich dem Gewichte einer Säule, welche den *Strahlquerschnitt zum Grundriß* und die *doppelte Geschwindigkeitshöhe* zur Höhe hat.

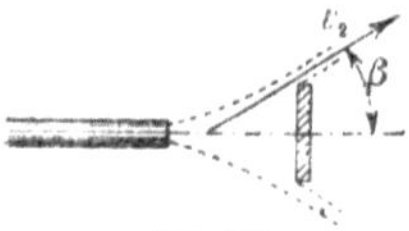

Abb. 105.

Ist die Platte rund und klein und ihr Mittelpunkt in der Strahlachse gelegen, so daß die Wege aller abströmenden Wasserteilchen denselben Winkel β mit der Strahlachse einschließen, so verbleibt von jeder Ankunftsgeschwindigkeit v_1, wenn die Abflußgeschwindigkeit v_2 beträgt, in der ursprünglichen Richtung nur $v_2 \cos \beta$ erhalten, so daß man jetzt

(109) $$P = \frac{\gamma}{g} Q (v_1 - v_2 \cos \beta)$$

hat. Abgesehen von der Wirkung der Reibung muß aber nach dem Bernoullischen Theorem, wenn die Platte an Ort und Stelle bleibt, also der Strahl keine Arbeit verrichtet, $v_2 = v_1$ sein, und so vereinfacht sich Gl. (109) zu

(109 a) $$P = \frac{\gamma}{g} Q v (1 - \cos \beta).$$

Dieselbe Beziehung (109 a) bleibt aufrecht, wenn das Wasser eine Umdrehungsfläche trifft, von der es allseitig unter dem Winkel β mit der Achse abfließt. Je nachdem die Fläche ihren Bauch dem Strahl zukehrt oder abkehrt, gilt — wenn β stets den *spitzen* Winkel bezeichnet — weiter die Gl. (109 a) oder die neue

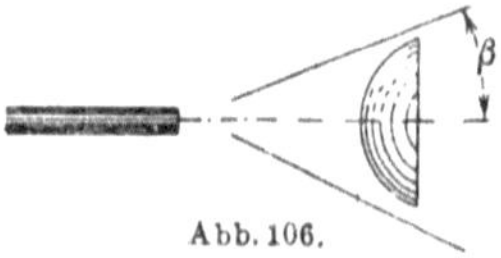

(109 b) $$P = \frac{\gamma}{g} Q v (1 + \cos \beta).$$

Abb. 106.

Für $\beta = 0$, d. i. für völlige Strahlumkehr erreicht demnach P seinen größten Wert $\frac{2\gamma}{g} Q v.$

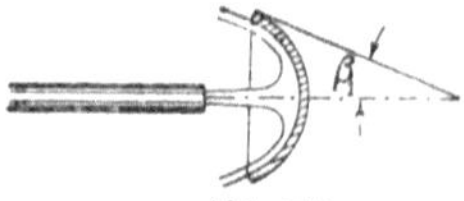

Da im ersten Augenblicke auch die kleine oder gebogene Platte der Gl. (109 a) vom Strahl senkrecht getroffen wird, während später der innere Wasserkörper das äußere Wasser ablenkt, so übertrifft der allererste Strahldruck an Heftigkeit den späteren.

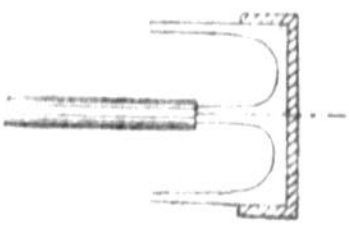

Abb. 107.

Der Druck eines schiefen Strahles, dessen Achse den Winkel α mit der Platte einschließt, zerlegt sich in einen „*Normalstoß*"

(110) $$N = \frac{\gamma}{g} Q v \sin \alpha$$

Abb. 108.

und eine zur Platte parallele und daher unwirksame Teilkraft. Von N wirkt dann der sogenannte „Parallelstoß"

(110 a) $\qquad P = N \sin \alpha = \dfrac{\gamma}{g} Q v \sin^2 \alpha$

in der Richtung des Strahles.

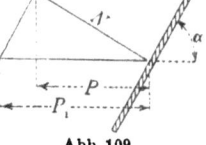

Abb. 109.

3. Wasserwiderstand und Strömungsdruck.

3. Wasserwiderstand und Strömungsdruck.

Für den Widerstand, der bei Bewegung einander ähnlicher Körper in Flüssigkeiten zu überwinden ist, gelten die Beziehungen (33) S. 35

$$\frac{h_1}{h_2} \cdot \frac{l_2}{l_1} = \frac{v_1^2}{v_2^2} \cdot \frac{g_2 l_2}{g_1 l_1} = \frac{\eta_1 v_1}{\eta_2 v_2} \cdot \frac{l_2^2 \gamma_2}{l_1^2 \gamma_1} = 1.$$

Kommt es dabei auf die Zähigkeiten η_1 und η_2 nicht an, so findet bereits eine Ähnlichkeit der Flüssigkeitsbahnen und Spiegelländerungen statt, wenn nur die ersten beiden obigen Brüche $= 1$ sind. Aus dem ersten Bruch folgt

(111) $\qquad \dfrac{h_1}{h_2} = \dfrac{l_1}{l_2},$

aus der Gleichheit des ersten und zweiten Bruches mit $g_1 = g_2$ weiter

(111 a) $\qquad \dfrac{v_1^2}{v_2^2} = \dfrac{h_1}{h_2} = \dfrac{l_1}{l_2}.$

Da die Widerstände P_1 und P_2 auf Flächen wirken, deren Größenverhältnis $l_1^2 : l_2^2$ beträgt, und die Drucke auf die Flächeneinheiten im Verhältnis $\gamma_1 h_1 : \gamma_2 h_2$ zueinander stehen, findet sich das Kräfteverhältnis

(111 b) $\qquad \dfrac{P_1}{P_2} = \dfrac{\gamma_1 h_1 l_1^2}{\gamma_2 h_2 l_2^2} = \dfrac{\gamma_1 l_1^3}{\gamma_2 l_2^3} = \dfrac{\gamma_1 v_1^2 l_1^2}{\gamma_2 v_2^2 l_2^2}$

Dieses von *I. Newton* 1687 veröffentlichte Ähnlichkeitsgesetz läßt sich auch in der Form ausdrücken, daß für den Widerstand P, den ähnliche Körper von der Länge l des Bezugsmaßes bei einer Geschwindigkeit v in einer Flüssigkeit vom Eigengewicht γ erfahren, im Ausdrucke

(111 c) $\qquad P = \gamma \zeta l^2 \dfrac{v^2}{2g}$

die Beizahl ζ für gleiche Werte von $v^2 : l$ denselben Wert besitzt, wie groß auch γ, l und v seien.

Bei der Bewegung von Platten senkrecht zu ihrer Fläche spielt die Reibung nur eine unwesentliche Rolle und so fanden für sie *H. Engels* und *Fr. Gebers* bei Versuchen in der Nähe Dresdens 1907 das Gesetz (111) bestätigt, wenn die Ähnlichkeit auch auf die Tauchtiefe erstreckt wurde. Für *Quadrate* von 0,1 m Seitenlänge, über deren Oberkante noch 0,1 m Wasser stand, zeigte sich in der Formel

$$(112) \qquad P = \gamma \zeta F \frac{v^2}{2g},$$

in der F die Fläche bedeutet, für

v in m sec^{-1} =	0,5	1,5	2	2,5	3,5
P in kg =	0,16	1,41	2,33	3,51	6,85
ζ =	1,26	1,23	1,14	1,10	1,10

Bei stärkerer Tauchung nahm ζ etwas ab, während austauchende Platten, die mit Quadraten von 0,1 m Seitenlänge ins Wasser reichten, weil sie Stau und Wellen veranlaßten, ungefähr 1,2 mal so viel Widerstand wie obige untergetauchte verursachten.

Während beim Schleppen senkrecht zur Plattenebene die Reibung keine Rolle spielt, kommt es wesentlich nur auf sie an, wenn die Verschiebung in der Ebene selbst erfolgt. In diesem Falle fand *Fr. Gebers* (1920), daß der Reibungswiderstand einer untergetauchten, rechteckigen glatten Platte von der Länge l und der benetzten (also nicht der einseitigen) Oberfläche F bei vernachlässigter Dickenwirkung, wenn die Geschwindigkeit v so groß ist, daß sie Turbulenz erzeugt (das geschieht im Wasser für $vl > 5$ bis 6 m^{2}sec^{-1}), die Größe

$$(112\,\text{a}) \qquad P_r = 0{,}01030 \left(\frac{\gamma}{g}\right)^{0{,}875} \eta^{0{,}125} F l^{-0{,}125} v^{1{,}875}$$

hat. Hier bedeutet η wie bisher die Zähigkeit der Flüssigkeit, sind die Maßeinheiten beliebig und ist 0,01030 eine unbenannte Zahl. Daß P_r in geringerem Maße als die Länge l wächst, kommt daher, daß die Platte das benachbarte Wasser in eine gleichgerichtete Strömung versetzt, deren Geschwindigkeit nach achtern wächst, womit die Reibung mit zunehmender Entfernung von der Vorderkante abnimmt.

Für die *Kugel* liegen voneinander abweichende Beobachtungen vor, die der Form (111c) entsprechend für einen Halbmesser r auf einen Widerstand

$$(113) \qquad P = 0{,}5 \gamma \pi r^2 \frac{v^2}{2g}$$

zu führen scheinen. Bei der Kugel ist die Reibung schon von Belang, und noch mehr ist das bei langgestreckten Körpern, wie Prismen und Zylindern, der Fall, für die man denn auch im Sonderfalle auf Versuche angewiesen ist. Trotz der Reibung ist der Widerstand bei untergetauchten *Prismen* von quadratischem Querschnitt kleiner als bei einer Platte gleicher Querfläche, und wird der Widerstand der Platte erst wieder erreicht, wenn die Prismenlänge zur 30 fachen Quadratseitenlänge geworden ist. Für 0,1 Quadratseitenlänge und ebenso großer Wasserdeckung ermittelten z. B. *Engels* und *Gebers* in Formel (112) für

die Länge	0,1	0,2	0,5	1	2	3 m
für $v = 1$ m sec^{-1} $\zeta =$	0,89	1,00	1,07	0,92	1,20	1,29
$v = 5$ m sec^{-1} $\zeta =$	0,98	0,75	0,81	0,85	0,95	1,15

Bei genügend langsamer Bewegung wächst — dem Vorgange in Röhren entsprechend — der Widerstand nicht mehr proportional v^2, sondern proportional v. Er wird z. B. für eine kleine fallende Kugel, wie *G. G. Stokes* abgeleitet hat, zu

$$(114) \qquad P = 6\pi\eta r v,$$

wenn η die Zähigkeit und r den Kugelhalbmesser bezeichnet.

Bei seiner anhaltenden Bewegung im ursprünglich ruhenden Wasser bereitet der bewegte Körper in jeder vorhergehenden Strecke, dadurch, daß er Strömungen erzeugt, seine nachfolgende Ortsveränderung vor und ermäßigt auf diese Weise den Wasserwiderstand. Im strömenden Wasser zerstört die Wirbelung einen Teil der genannten Vorarbeit; auch wirkt bei den der Zeit nach wechselnden Geschwindigkeiten im Strome an der Stelle des Quadrates der angeblichen Geschwindigkeiten das Mittel der Geschwindigkeitsquadrate, also eine größere Kraft. Der *Strömungsdruck*, den fließendes Wasser von der Geschwindigkeit v auf einen Körper ausübt, übertrifft daher wesentlich den Widerstand, welchen derselbe Körper bei einer eigenen Geschwindigkeit v im ruhenden Wasser zu überwinden hätte. So fand *L. G. du Buat* (1779) für eine quadratische Platte das ζ der Formel (112) für den Strömungsdruck $= 1,86$ gegenüber 1,43 für den Widerstand und so bestimmte bei der Kugel, für die im stehenden Wasser das ζ der Formel (113) ungefähr $= 0,5$ gewesen war, *Eytelwein* den Beiwert in fließenden Gewässern zu 0,789.

Beispiel. Behufs Messung der Strömungsgeschwindigkeit hat man an ein dünnes Stahldrahtkabel eine Eisenkugel von 21 cm Durchmesser und 37,5 kg Gewicht in den Fluß gesenkt, und einen Winkel von 25° 10' zwischen dem Kabel und der Lotrechten gemessen. Wie groß ist die Strömungsgeschwindigkeit? — Der Kugelinhalt beträgt 4850 cm³, daher das um den Auftrieb verminderte Kugelgewicht 32,65 kg; somit folgt zunächst $P = 32,65$ tang $25°10' = 32,65 \cdot 0,470 = 15,35$ kg oder in g und cm aus Gl. (113) $P = 15\,350 = 0,789 \cdot 1 \cdot \pi \cdot 441 \cdot \dfrac{v^2}{1962} = 0,5571 v^2$ oder $v = \sqrt{27\,550} = 166$ cm sec$^{-1} = 1,66$ m sec^{-1}.

Aus dem Mitgeteilten geht hervor, daß es einen Flüssigkeitsstoß im Sinne des Stoßes fester Körper in offenen Rinnsalen nicht gibt, weil Flüssigkeiten hier ausweichen können und nicht wie feste Körper genötigt sind, in kürzester Zeit ihre Geschwindigkeit zu vernichten. Ihr Druck vermag daher bei gegebener Geschwindigkeit nicht ein gewisses Maß zu übersteigen. Zu großer Druckäußerung kann es aber kommen, wenn ruhende Festkörper einem Strahldruck ausgesetzt sind, den sie mit kleiner Auflagfläche übertragen, wie dies z. B. bei Steinen vorkommt, die auf einem Sturzbett unter einem Wehr liegen, oder wenn im Wasser *schwebende* oder *schwimmende Gegenstände*, wie Steine, Holzblöcke und dgl. gegen Bauwerke geschleudert werden. Diese verleihen sehr häufig erst der Wassergeschwindigkeit ihren gefährlichen Charakter. Auch, wenn Schiffe an eine Kaimauer geworfen werden, zu heftig an den Anbindetrossen reißen und ähnliche Unfälle mehr sich ereignen, ist es nicht die Gewalt der Strömung an und für sich, sondern die im Schiffe selbst aufgespeicherte lebendige Kraft, welche die Schäden verursacht.

4. Schiffswiderstand.

Schiffe im unbegrenzten ruhigen Fahrwasser reißen bei ihrer Fahrt das benachbarte Wasser mit, derart, daß die Geschwindigkeit nahe am Fahrzeug ungefähr gleich der halben Fahrgeschwindigkeit ist, und mit der seitlichen Entfernung vom Schiffe abnimmt, und daß das gesamte in der Fahrtrichtung laufende Wasser einen sich nach achtern verbreiternden Körper darstellt. Ihn umgibt seitlich und in der Tiefe der Rückstrom des verdrängten Wassers. Dessen Bewegung kommt dadurch zustande, daß das Schiff vorn am Bug das Wasser in Form einer *Bugwelle* staut und auf diese eine Einsenkung folgt, also ein Spiegelgefälle vorhanden ist. Die tiefste Talstelle liegt bei langsamer Fahrt etwas hinter der Schiffsmitte und rückt mit zunehmender Geschwindigkeit nach achtern. Das Rückstromwasser steigt in einiger Entfernung hinter dem Heck empor und bildet die *Heckwelle*. Das Heck liegt also selbst noch in der Senkung, wodurch zwischen dem vorderen und hinteren Tiefgang ein Höhenunterschied, der *Trimm*, entsteht. Der Gesamtwiderstand setzt sich bei dem geschilderten Vorgang aus dem nur von der Schiffsform abhängigen *Form-* oder *Verdrängungswiderstand* P_1 und dem *Reibungswiderstand* der benetzten Oberfläche zusammen. Nach *W. Froude* (1874) ermittelt man den Schiffswiderstand unter Zuhilfenahme eines Modelles. Man bestimmt dessen Gesamtwiderstand durch einen Schleppversuch, zieht seinen Reibungswiderstand ab und erhält den Formwiderstand P_2 des Modelles. Hierbei gilt nach *F. Gebers* für den Reibungswiderstand seine Formel (112a), wenn man in ihr als F die benetzte Modelloberfläche F_2, als Länge l die Länge l_2 der Schwimmebene des Modelles einsetzt. Aus P_2 folgt bei einem Längenverhältnis $l_1 : l_2$, einem Geschwindigkeitsverhältnis $v_1 : v_2 = \sqrt{l_1 : l_2}$ und einem Verhältnis $\gamma_1 : \gamma_2$ der Eigengewichte der Formwiderstand des Schiffes nach Gl. (111b) zu

$$(114) \qquad P_1 = \frac{\gamma_1}{\gamma_2} P_2 \left(\frac{l_1}{l_2}\right)^3.$$

Hierzu kommt der Reibungswiderstand des Schiffes, zu dessen Berechnung die benetzte Schiffsoberfläche F_1 und die Länge l_1 „zwischen den Loten", d. i. die Länge der Schiffsschwimmebene in Gl. (112a) einzuführen ist.

In beschränktem Fahrwasser, also vornehmlich in Kanälen, ist der Formwiderstand größer als in unbegrenztem Wasser und ist überdies der Reibungswiderstand zu überwinden, den der Rückstrom des verdrängten Wassers im Bette des Fahrwassers erfährt. Dabei sind die Vorgänge sehr verwickelt. Die Bugwelle stellt nämlich im Kanal das Ergebnis einer unendlichen Menge unendlich kleiner Schwalle dar, so daß ihre Form von der Kanaltiefe gemäß Abschn. V. 10 (S. 74) abhängig wird. Bugwelle, Heckwelle und Einsenkung ändern also ihre Bildung gegenüber jener, die sie im unbegrenzten Wasser hatten, und zwar je nach der Geschwindigkeit in anderer Weise. Zudem schränkt die Einsenkung den für den Rückstrom vorhandenen Raum ein und steigert dadurch die Bettreibung. So kommt es, daß in Kanälen der Gesamtwiderstand ungefähr wie $v^{2,25}$ zu wachsen pflegt und er in Ausnahmefällen, wie es scheint, sogar wie v^4 wachsen kann. Die Einsenkung ist auch dadurch von Nachteil, daß sie, wo sie das Ufer trifft, etwaige ungeschützte Erdböschungen gefährdet, und daß sie bei Schraubendampfern die Schiffsschrauben der Bettsohle nähert und hiermit die Kolkwirkung erhöht.

5. Druck der Brandungswellen.

Um zu zerstören, muß nach dem S. 107 Gesagten Wasser einen viel größeren Arbeitsinhalt als ein fester Körper beherbergen. Eine solche gewaltige lebendige Kraft ist in den Wellen enthalten, wenn sie aus der offenen See kommend bei ihrem Anlauf gegen den Strand brechen und sich in „*Brander*" verwandeln. Wir können mit $L.\,d'Auria$ einen Brander als dreikantiges Prisma von der Länge L ansehen, dessen Querschnitt ein rechtwinkliges Dreieck von der Höhe h und der Basis $2l$ bildet und welches mit einer der Wellenschnelligkeit ungefähr gleichen Geschwindigkeit u während der Zeit $2l:u$ über die Strandlinie läuft. Wenn während dieser Zeit u verbraucht wird und die Druckkraft allmählich von P im ersten Augenblicke auf Null herabsinkt, muß nach dem Impulssatz die mittlere Widerstandskraft

$$\tfrac{1}{2}P\cdot\frac{2l}{u} = \text{Masse}\cdot\text{Geschwindigkeit} = \frac{\gamma h l L}{g}\cdot u$$

oder die beiläufige Maximalkraft

(115) $$P = \frac{\gamma h L}{g}u^2$$

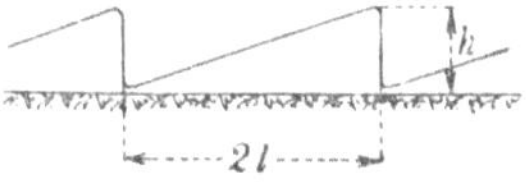

sein. Sie verteile sich über eine lotrechte Mauer also über eine Fläche hL.

Abb. 110.

Dann ergibt sich als größte Pressung auf die Flächeneinheit des Wellenbrechers

(116) $$P = \frac{\gamma u^2}{g}.$$

Als derartige Pressung betrachtet man an der deutschen Ostseeküste 1 kg cm^{-2}, an der deutschen Nordseeküste 1,5 kg cm^{-2}, während an der schottischen Nordseeküste der ungewöhnliche Druck von 3,8 kg cm^{-2} beobachtet worden ist. Die Zerstörung, die ein Brander anzurichten vermag, wird durch den Umstand befördert, daß bei Eindringen des Wassers in sich verengende Hohlräume eine Drucksteigerung gegen das Innere hin stattfindet.

6. Widderstoß.

In geschlossenen Leitungen kann sich ein wirklicher Stoß ereignen, der große Heftigkeit anzunehmen vermag und durch den Namen „*Widderstoß*" oder „*Wasserschlag*" gekennzeichnet erscheint. — Um ihn näher zu erforschen, wollen wir uns zunächst ein mit Wasser gefülltes wagrechtes Eisenrohr vom Durchmesser D denken, an dessen Ende ein Kolben eine Pressung p äußere. Unter deren Einfluß verkürzt sich ein Wasserwürfel von der Seitenlänge 1, der mit einer Seite in der Rohrachsenrichtung liegt, hier um das Stückchen ε_1, während die beiden anderen Würfelseiten, weil die elastische Rohrwand etwas nachgibt, sich um ε_2 ausdehnen. Ist $K = 20\,000$ kg cm$^{-2} = 2 \cdot 10^8$ kg m^{-2} der kubische Elastizitätsmodul des Wassers, so muß einerseits

(117) $$\varepsilon_1 - 2\varepsilon_2 = \frac{p}{K}$$

sein, während anderseits bei einer Wandstärke s und einem linearen Elastizitätsmodul E des Eisens infolge der Zugspannung $\frac{pD}{2s}$ in der Rohrwand

(117a) $$\varepsilon_2 = \frac{pD}{sE}$$

wird. (Einer Unverschieblichkeit in der Längsrichtung kann man durch entsprechende Änderung von E Rechnung tragen.) Aus Gl. (117) und (117a) ergibt sich

(117b) $$\varepsilon_1 = \left(\frac{1}{K} + \frac{D}{Es}\right)p.$$

Bei dem betrachteten Vorgang besteht die Wassermasse fortwährend aus der jeweils an den Kolben anschließenden zusammengedrückten und aus der restlichen noch unveränderten und unbewegten Strecke. Wird in der Zeiteinheit von letzterer ein Stück von der Länge ω zusammengedrückt, so beträgt dessen Verkürzung $\varepsilon_1 \omega$. Dies bedeutet, daß, ebenfalls in der Zeiteinheit, das bereits gedrückte Wasser, und der Kolben um $\varepsilon_1 \omega$ weiterrücken oder daß der Kolbendruck $p \cdot \frac{\pi D^2}{4}$ in der Zeit Eins der Wassermasse $\frac{\gamma}{g} \cdot \frac{\pi D^2}{4} \cdot \omega$ die Geschwindigkeit $\varepsilon_1 \omega$ erteilt, wonach

Druck auf Wellenbrecher. Widderstoß

$$p \frac{\pi D^2}{4} = \frac{\gamma}{g} \frac{\pi D^2}{4} \varepsilon_1 \omega^2$$

(117c) oder $p = \varepsilon_1 \dfrac{\gamma}{g} \omega^2$

sein muß. In Verbindung mit Gl. (117b) ergibt sich nunmehr

$$\frac{1}{\omega^2} = \frac{\gamma}{g} \left[\frac{1}{K} + \frac{D}{Es} \right].$$

(118) oder $\omega = \dfrac{\sqrt{\dfrac{gK}{\gamma}}}{\sqrt{1 + \dfrac{K}{E} \dfrac{D}{s}}} = \dfrac{1400}{\sqrt{1 + 0{,}01 \dfrac{D}{s}}}$ m sec^{-1}

Denkt man sich den Kolben und das zusammengedrückte Wasser in Ruhe und das übrige Wasser fließend, so besagt Gl. (118), daß bei rascher Drosselung einer Leitung die Drucksteigerung von der Absperrvorrichtung ausgehend mit der nach Gl. (118) angebbaren Schnelligkeit ω den Strang durchläuft. Am Strangende wird sie zurückgeworfen, kehrt mit derselben Schnelligkeit zu ihrer Ausgangsstelle zurück und pendelt weiter, solange die Reibungen sie nicht aufgezehrt haben. Für die in Rede stehende Leitung hat man die Fließgeschwindigkeit U als Kolbengeschwindigkeit $\varepsilon_1 \omega$, die Druckhöhe h des Widderstoßes als Wassersäulenhöhe $\dfrac{p}{\gamma}$ der Kolbenpressung p aufzufassen, womit man durch Einsetzen der neuen Zeichen in die Gl. (117c)

$$\gamma h = \frac{\gamma}{g} U \omega$$

oder für den Widderstoß in Eisenleitungen den von *Allievi* herrührenden Ausdruck

(118a) $h = \dfrac{U \omega}{g} = \dfrac{U}{g} \cdot \dfrac{1400}{\sqrt{1 + 0{,}01 \dfrac{D}{s}}}$

erhält. In den üblichen Gußrohren fällt bei steigender Rohrweite ω von rund 1300 auf 1000 m sec^{-1}. In Schweißeisen- und Bleirohren schwankt ω zwischen 800 und 1100 m sec^{-1}.

Allievi beweist weiter, daß, wenn die Durchflußöffnung nicht plötzlich, sondern gleichmäßig während der Zeit T geschlossen wird, der Widderstoß bei einem vom Betriebsdruck wenig abweichenden Ruhedruck von der Wassersäulenhöhe H in einem Strang von der Länge l bei Vernachlässigung der dämpfenden Wirkung der Rohrreibung die vom elastischen Verhalten unabhängige Druckhöhe

(118b) $h = H \left(\dfrac{lU}{gHT} \right)^2 \left[\dfrac{1}{2} + \sqrt{\dfrac{1}{4} + \left(\dfrac{gHT}{lU} \right)^2} \right]$

aufweist. Dieser Druck tritt am Ende des (linearen) Schließvorganges ein und ist, falls

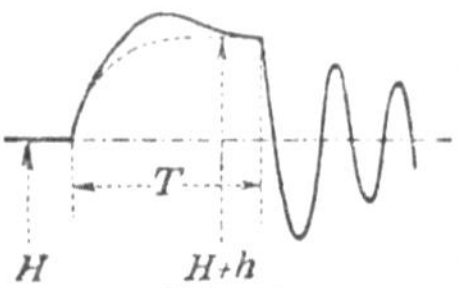

(118c) $\quad \dfrac{U\omega}{2gH} > 1{,}5$

ist, zugleich der Höchstdruck. Ist aber $U\omega < 3gH$, so kann der Höchstdruck den Druck des beendigten Schließvorganges übertreffen.

Abb. 111.

Weicht die Druckhöhe der Ruhe H_s von der des Betriebes H merklich ab und bedeutet $H_s + h$ die größte durch den Schieberschluß erzeugte Druckhöhe, so gilt nunmehr nach Versuchen von *Strickler*

$$(118\,\mathrm{d})\quad h = H_s \sqrt{\dfrac{H_s}{H}\left(\dfrac{lU}{gH_s T}\right)^2 \left[\dfrac{1}{2} + \sqrt{\dfrac{1}{4} + \left(\dfrac{gH_s T}{lU}\right)^2}\right]}.$$

Einen eigentümlichen Widderstoß kann die Anwesenheit von *Luft* neben dem Wasser im Rohrstrang verursachen. Denken wir uns ein von einem Behälter ausgehendes Rohr mit zunächst verschlossenem Ende, welches in der Tiefe z unter dem Behälterspiegel liege. Der Strang sei so kurz, daß die Rohrreibung nicht in Betracht komme, und sein letztes Stück sei mit Luft erfüllt. Wird die Absperrvorrichtung geöffnet, so entweicht die Luft, ohne merklichen Widerstand zu leisten, und ihr folgt das Wasser mit der Geschwindigkeit $U_1 = \sqrt{2gz}$ nach, bis es die Absperrvorrichtung trifft. Hier findet es einen Widerstand, der seine Geschwindigkeit auf U_2 verkleinert und einen Druckhöhenverlust $\zeta \dfrac{U_2^2}{2g}$ verursacht, derart, daß

$$(119)\quad z = (1 + \zeta)\dfrac{U_2^2}{2g} \quad \text{oder} \quad U_2 = \sqrt{\dfrac{2gz}{1+\zeta}}$$

wird. Wird die Absperrungsvorrichtung nur wenig geöffnet, so kann ζ eine ziemlich bedeutende Zahl werden, z. B. ungefähr 40 bei einem zu $^{13}/_{72}$ geöffneten Leitungsschieber, wie oben S. 44 angegeben; dabei sinkt U_2 ungefähr auf den $6\,^1/_2$ Teil von U_1. Die plötzliche Verlangsamung des Wassers kann also sehr erheblich ausfallen und zu einem entsprechend großen Widderstoß Anlaß geben.

Beispiel. Bei *plötzlicher* Drosselung einer Strömung von $U = 2$ m sec^{-1} Geschwindigkeit in einem Muffenrohrstrang von 200 mm Weite und 11 mm Wandstärke ist die Schnelligkeit $\omega = 1400 : \sqrt{1 + 0{,}364} =$ $= 1400 : 1{,}2 = 1170$ m sec^{-1} und wäre der Widderstoß $h = U\omega : g =$ $= 2 \cdot 1170 : 9{,}81 = 239$ m. Das Beispiel zeigt, wie wesentlich es ist, die Geschwindigkeit in den Leitungen *allmählich* zu verringern, wie das ja auch bei den üblichen Vorrichtungen angestrebt erscheint.

7. Schwingungen im Wasserschloß.[1])

Zwischen Druckstollen und Falleitung einer Hochdruckwasserkraftanlage ist es fast immer notwendig, einen kleinen Speicher, Wasserschloß genannt, einzuschalten, welcher zur Verminderung der Druckschwankungen bei raschen Belastungsänderungen dient. Der Höchstspiegel in einem solchen Energieregler tritt bei plötzlicher 100%iger Entlastung, der tiefste Wasserspiegel dagegen bei rascher Vollbelastung der vorher ruhenden oder leerlaufenden Maschinen ein. Der Wasserschloßspiegel darf nicht höher steigen wie es die zulässige Pressung des Druckstollens gestattet und nicht so tief herabsinken, daß in den Stollen Luft eindringen könnte (Tiefstlage ~ 50 cm über Stollenscheitel). Bei Anlagen mit weniger großem Stationsgefälle H kann unter Umständen die Rücksichtnahme auf die größte zulässige Drehzahlschwankung $\frac{\Delta \vartheta}{\vartheta}$ eine Einschränkung der negativen Schwingungsweite ΔH des Wasserschloßspiegels erfordern, entsprechend der Beziehung $\frac{1}{2}\frac{\Delta H}{H} = \frac{\Delta \vartheta}{\vartheta}$. Bei nicht zu großem Schwankungsbereich des Wasserspiegels wird das Wasserschloß als Pufferschacht von durchaus gleichem Lichtquerschnitt ausgebildet. Kommen dagegen Spiegeländerungen innerhalb weiter Grenzen in Betracht, wie dies bei Kraftanlagen mit größeren Stauweihern meistens der Fall ist, dann ist eine Gliederung des Wasserschlosses in eine obere und untere Kammer und einen enger bemessenen Verbindungsschacht zweckmäßig. Man nennt solche Formen Kammer- oder Stollenwasserschlösser. Die gleichweiten Pufferschächte stellen einen Sonderfall derselben vor. Der Verbindungsschacht ist in der Regel nach dem durch die Ausführung gegebenen praktischen Mindestquerschnitt zu bemessen. Die notwendige Größe der beiden Kammern kann nicht unmittelbar genau bestimmt, sondern muß versuchsweise angenommen und hydraulisch nachgeprüft werden.

Die hierzu notwendige Berechnung der äußersten Spiegellagen des Wasserschlosses kann entweder mittels Näherungsformeln oder durch schrittweise Lösung des Differentialgleichungssystemes für die Schwingungen von Behälterspiegeln erfolgen, wobei der zeichnerische Weg wegen seiner Übersichtlichkeit der reinen Ziffernrechnung vorzuziehen ist. *E. Braun* schlägt hierfür folgendes Verfahren vor. Die Bedeutung der verwendeten Zeichen ist aus Abb. 112 zu ersehen.

---

[1]) Bearbeitet von Dr. Ing. *Rudolf Tillmann*, Wasserkraftwerke-A.-G. Wien.

114 VII. Der Wasserstoß

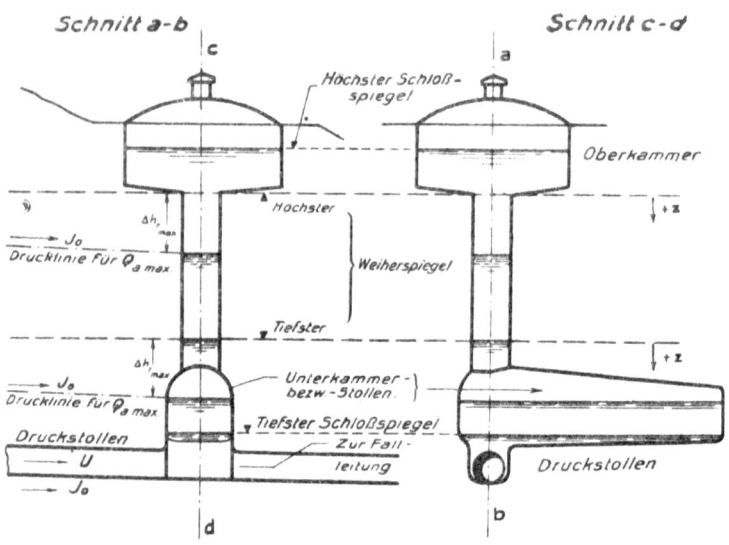

Abb. 112.

Die Grundgleichungen der Wasserschloßspiegelbewegung lauten, wenn l die wirkliche Druckstollenlänge bedeutet, wie folgt:

(120) $\quad \dfrac{l}{g}\dfrac{dU}{dt} = z - \varepsilon U^2 \quad$ (Bewegungsgleichung),

(120a) $\quad F\dfrac{dz}{dt} = Q_a - fU \quad$ (Raumgleichung)

Darin ist $\varepsilon U^2 = \Delta h_r$ der Druckhöhenverlust durch Reibung im Stollen. Da außerdem $\Delta h_r = J_r l$ und allgemein $U = \dfrac{1}{n}R^{0,7}J_r^{0,5}$ gesetzt werden kann, folgt für ε der Ausdruck $ln^2 R^{-1,4}$. Durch Zusammenfassung obiger Gleichungen gelangt man zu:

(121) $\quad \dfrac{dz}{dU} = \dfrac{lf}{gF}\cdot\dfrac{U_a - U}{z - \varepsilon U^2},$

worin $U_a = \dfrac{Q_a}{f}$ und der Wasserschloßquerschnitt allgemein nach $F = F_0\,f(z)$ mit der Höhenlage veränderlich ist. Der Festwert F_0 gelte für den Ausgangsquerschnitt der Rechnung. Mit den Hilfs-

Schwingungen im Wasserschloß 115

größen $\mathfrak{z} = \frac{z}{k} = \frac{z}{U_{am}\sqrt{\frac{lf}{gF_0}}}$, $\mathfrak{U} = \frac{U}{U_{am}}$, $\mathfrak{U}_a = \frac{U_a}{U_{am}}$, $\mathfrak{E} = \frac{\varepsilon U_{am}}{\sqrt{\frac{lf}{gF_0}}}$,

$\mathfrak{f}(\mathfrak{z}) = f(z)$ wird Gl. (121) zu:

(121a) $\qquad \dfrac{d\mathfrak{z}}{d\mathfrak{U}} = \dfrac{\mathfrak{U}_a - \mathfrak{U}}{\mathfrak{z} - \mathfrak{E}\mathfrak{U}^2} \cdot \dfrac{1}{\mathfrak{f}(\mathfrak{z})}$.

Diese Form eignet sich zur schrittweisen zeichnerischen Ermittlung des endlichen Zusammenhanges $\mathfrak{z}/\mathfrak{U}$ nach Abb. 113, die das Wesen des Konstruktionsvorganges für $\mathfrak{f}(\mathfrak{z}) = 1 =$ konst. in dem Übergang von einem bereits als gefunden gedachten Punkte P_i der $\mathfrak{z}/\mathfrak{U}$-Linie auf P_{i+1} zeigt. Dabei kann für kleine $\Delta\mathfrak{U}$-Werte der Kurvenbogen durch die Tangente ersetzt werden. Der dadurch begangene Fehler läßt die ermittelten Schwingungsweiten etwas zu groß erscheinen und ist daher unbedenklich. Aus den ähnlichen Dreiecken P_iAB und P_iaP_{i+1} kann die Gl. (121a) in Differenzenform unmittelbar abgelesen werden. Für den Ursprung ($\mathfrak{U}_0 = 0$, $\mathfrak{z}_0 = 0$) bzw den Anfangspunkt des Berechnungsvorganges versagt diese Konstruktion, doch ist für diesen Punkt und seine Nachbarschaft, wie leicht zu erkennen, die Kurve $\mathfrak{z}/\mathfrak{U}$ durch ihren Krümmungskreis mit $\varrho_0 = \mathfrak{U}_{a,0}$ ersetzbar. Für einen anderen Anfangspunkt ($\mathfrak{U}_0 > 0$, $\mathfrak{z}_0 = \mathfrak{E}\mathfrak{U}_0^2$) gilt das Gleiche, jedoch mit $\varrho_0 = \mathfrak{U}_{a,0} - \mathfrak{U}_0$. Für $\mathfrak{E} = 0$ wird die $\mathfrak{z}/\mathfrak{U}$-Linie ein Kreis. $\mathfrak{U}_a$ ist, entsprechend der Steuerungsart des Reglers, allgemein mit $\mathfrak{z}$ in bestimmter Art veränderlich, kann jedoch für die gegenständlichen Untersuchungen als Festwert betrachtet werden, solange

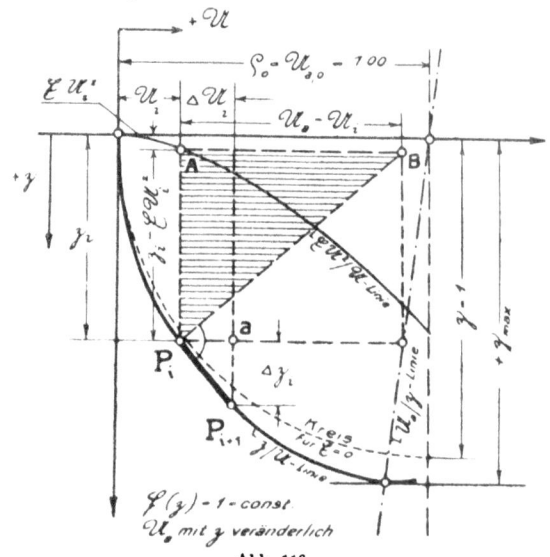

Abb. 113.

nicht ein Überfall die Spiegelbewegung beeinflußt. Die Wirkung eines solchen in der Oberkammer muß in der $\mathfrak{U}_a/\mathfrak{z}$-Linie zum Ausdruck kommen. Ist $z_{\ddot{u}}$ die Höhenlage der Überfallkrone und $\Delta z_{\ddot{u}}$ der absolute Betrag der jeweiligen Überströmungshöhe, so ist

$$q_{\ddot{u}} = \frac{2}{3}\mu l_{\ddot{u}} \sqrt{2g}\, \Delta z_{\ddot{u}}^{3/2} = \left(\frac{2}{3}\mu l_{\ddot{u}} \sqrt{2g}\, k^{3/2}\right) \Delta \mathfrak{z}_{\ddot{u}}^{3/2}$$

und gilt für $|\mathfrak{z}| > |\mathfrak{z}_{\ddot{u}}|$:

$$\mathfrak{U}_a = \left(\frac{\frac{2}{3}\mu l_{\ddot{u}} \sqrt{2g}\, k^{3/2}}{f}\right) \Delta \mathfrak{z}_{\ddot{u}}^{3/2} = \alpha \cdot \Delta \mathfrak{z}_{\ddot{u}}^{3/2}.$$

Die Veränderlichkeit der Wasserschloßquerschnittsfläche erscheint in Abb. 114 durch entsprechende Erweiterung des früheren Konstruktionsbildes berücksichtigt [$\mathfrak{f}(\mathfrak{z}) \neq 1$]. Dabei empfiehlt es sich für die praktische Anwendung, statt nach Braun die Ordinatendifferenz $\mathfrak{z} - \mathfrak{E}\mathfrak{U}^2$ mit $\mathfrak{f}(\mathfrak{z})$ zu multiplizieren, den Abszissenunterschied $\mathfrak{U}_a - \mathfrak{U}$ durch $\mathfrak{f}(\mathfrak{z})$ zu teilen, da meist $\mathfrak{f}(\mathfrak{z}) > 1$. Die so geformte Differenzengleichung $\dfrac{\Delta \mathfrak{z}}{\Delta \mathfrak{U}} = \dfrac{(\mathfrak{U}_a - \mathfrak{U}) : \mathfrak{f}(\mathfrak{z})}{\mathfrak{z} - \mathfrak{E}\mathfrak{U}^2}$ ist aus Abb. 114 unmittelbar abzulesen. Das Einheitsmaß der Konstruktion ist um so größer zu wählen je größer $\mathfrak{f}(\mathfrak{z})$ ist.

In den schematischen Skizzen, Abb. 113 und 114, ist der allgemeine Fall der positiven Belastungsänderung dargestellt, bei dem die Konstruktion der $\mathfrak{z}/\mathfrak{U}$-Linie abwärts fortschreitet. Bei Entlastungsvorgängen dagegen erfolgt der zeichnerische Berechnungsweg in umgekehrtem Sinne (s. das Beispiel).

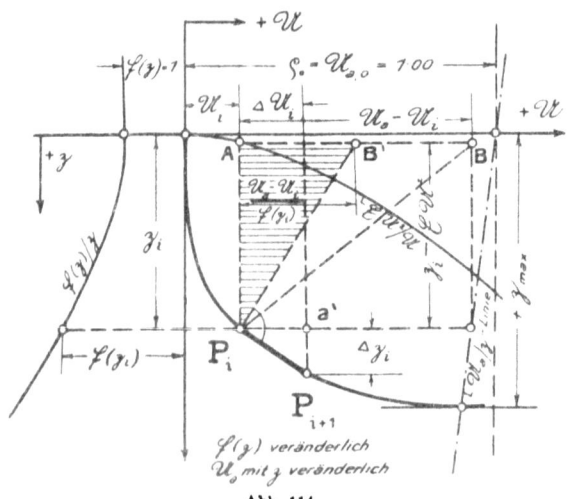

Abb. 114.

Schwingungen im Wasserschloß 117

In dem Festwerte $\mathfrak{E}$ ist die Glättezahl $\frac{1}{n}$ der Stollenwand enthalten. Dieselbe ist für Entlastungsvorgänge mit dem größten, für plötzliche Belastungssteigerungen dagegen mit dem kleinsten möglichen Werte einzusetzen.

Nachstehendes *Beispiel* veranschaulicht den Berechnungsvorgang *für ein Kammerwasserschloß* (s. Abb. 115).

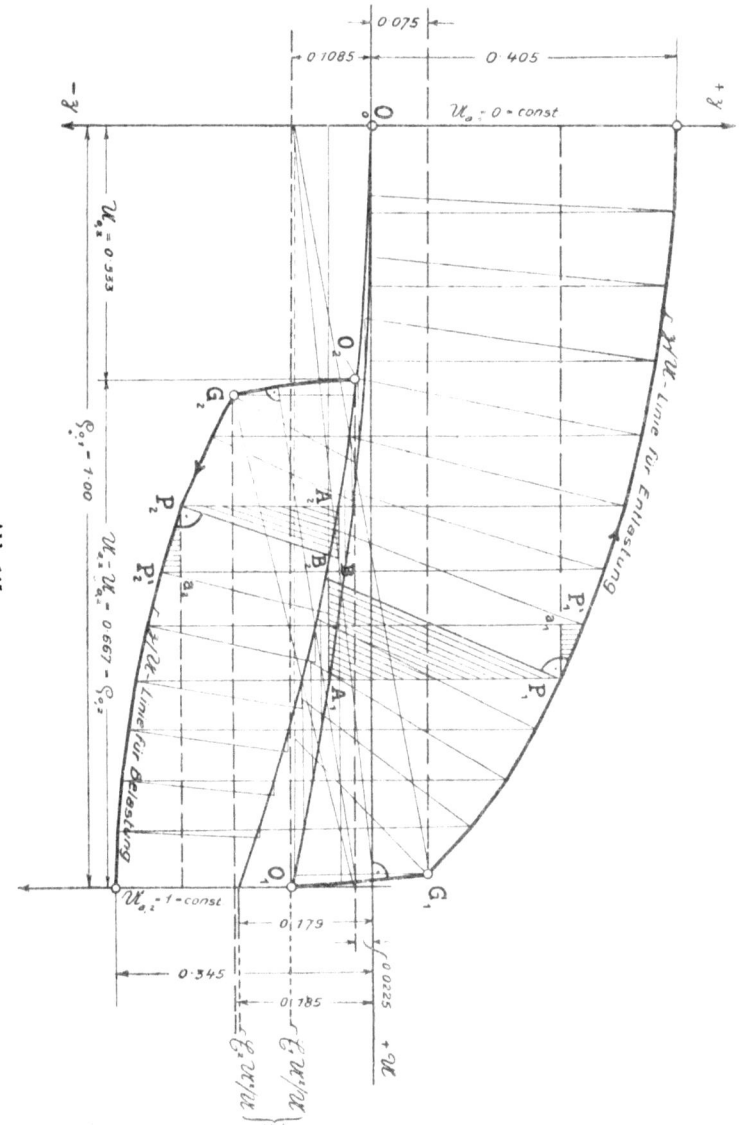

Abb. 115

VII. Der Wasserstoß

$l = 6000$ m, $f = 5$ m², 2,525 m Durchm., $R = 0,631$ m, $Q_{am} = 8$ m³ sec, $U_{am} = \frac{8}{5} = 1,60$ m sec⁻¹. Oberkammer (Durchm. 7 m): $F_1 = 38,5$ m², $\mathfrak{f}_1(\mathfrak{z}) = 5,44 =$ konst., Verbindungsschacht (Durchm. 3 m): $F_0 = 7,07$ m², $\mathfrak{f}_0(\mathfrak{z}) = 1 =$ konst., Unterkammer (5 m · 10 m): $F_2 = 50$ m², $\mathfrak{f}_2(\mathfrak{z}) = 7,07 =$ konst., $k = 1,60 \sqrt{\dfrac{6000 \cdot 5}{9,81 \cdot 7,07}} = 1,60 \cdot 20,8 = 33,28$. Tiefster Punkt der Oberkammer 2,50 m über höchstem Weiherspiegel, tiefste Weiherspiegel 20 m unter höchstem Weiherspiegel, höchster Punkt der Unterkammer 6,16 m unter tiefstem Weiherspiegel, Stollenscheitel 11,97 m unter tiefstem Weiherspiegel.

a) *Fall plötzlicher 100 % iger Entlastung* (Zeiger 1).

$\mathfrak{U}_{a,1} = 0 =$ konst., $\dfrac{1}{n_1} = 90$, $\varepsilon_1 = \dfrac{6000}{90^2 \cdot 0,631^{1,4}} = \dfrac{6000}{8100 \cdot 0,525} = 1,41$,

$\mathfrak{E}_1 = 1,41 \cdot \dfrac{1,60}{20,8} = 1,41 \quad 0,077 = 0,1085$, $\Delta h_{r,1} = 0,1085 \cdot 33,28 = 3,61$ m unter höchstem Weiherspiegel. Für den Verbindungsschacht [$\mathfrak{f}(\mathfrak{z}) = 1$] Konstruktion wesentlich nach Abb. 113, jedoch aufwärts, von $O_1(\varrho_{0,1} = 1,00)$ bis zum Grenzpunkt G_1 zwischen Schacht und Oberkammer ($\mathfrak{z}_{G_1} = -\dfrac{2,50}{33,28} = -0,075$). Von dort aus Konstruktion wesentlich nach Abb. 114, jedoch aufwärts. $\mathfrak{z}_{\max_-} = -0,405$, $z_{\max_-} = -0,405 \cdot 33,28 = -13,47$ m.

b) *Fall plötzlicher Belastungssteigerung von 33% auf 100%* (Zeiger 2).

$\mathfrak{U}_{a,2} = 1,00 =$ konst., $\dfrac{1}{n_2} = 70$, $\varepsilon_2 = \dfrac{6000}{70^2 \cdot 0,631^{1,4}} = \dfrac{6000}{4900 \cdot 0,525} = 2,33$,

$\mathfrak{E}_2 = 2,33 \cdot 0,077 = 0,1794$, $\Delta h_{r,2} = 0,1794 \cdot 33,28 = 5,96$ m unter tiefstem Weiherspiegel. Konstruktion für den Verbindungsschacht vom Beharrungszustand für 33%ige Belastung aus ($\mathfrak{U}_0 = 0,330$, $\mathfrak{z}_0 = 0,0225$, $z_0 = 0,0225 \cdot 33,28 = 0,75$ m, $\varrho_{0,2} = 0,667$, Anfangspunkt O_2) nach Abb. 113 bis zum oberen Grenzpunkt G_2 der Unterkammer ($\mathfrak{z}_{G_2} = +\dfrac{6,16}{33,28} = +0,185$). $\mathfrak{z}_{\max_+} = +0,345$, $z_{\max_+} = 0,345 \cdot 33,28 = +11,47$ m.

c) *Ergebnis.*

Höchstspiegel im Wasserschloß 13,47 m über höchstem Weiherspiegel. Größte Druckhöhe im Stollenscheitel 45,44 m (13,47 + 20 + + 11,97). Tiefstspiegel im Wasserschloß 11,47 m unter tiefstem Weiherspiegel, d. i. 11,97 − 11,47 = 0,50 m über Stollenscheitel.

8. Schleppkraft und Geschiebetrieb.

Neben der Wasserbewegung in Flüssen ist auch die Geschiebebewegung in ihnen von Wichtigkeit, weil sie die Hebung oder Eintiefung des Bettes veranlassen kann. Diese Geschiebewanderung wird durch die *Schleppkraft* verursacht, d. i. durch die in der Richtung des

Sohlengefälles wirkende und die Sohle zu verschieben trachtende Teilkraft des Gewichtes der auf der Sohle lastenden Wassermasse. Hiernach ist bei einem Gefälle J, einer Tiefe h und dem Eigengewichte γ des Wassers die Schleppkraft, welche in Gewichtseinheiten pro Flächeneinheit der Sohle, also z. B. in kg m^{-2} auszudrücken ist,

(122) $$S = \gamma J h.$$

Die Bewegung beginnt, auch in beweglichem Bett, erst, wenn die Schleppkraft eine gewisse Größe S_0 erreicht, welche *Grenzschleppkraft* genannt wird. Da J an der betreffenden Flußstelle einen festen Wert besitzt, hängt S_0 hier nur mehr vom Wasserstand ab; fängt die Bewegung der Sohle bei einem Wasserstand h_0 an, so ist also daselbst

(122a) $$S_0 = \gamma h_0 J \qquad \text{zu setzen.}$$

Beispielsweise ist in der Draustrecke Pettau-Ankenstein S_0 nach *A. Weber* im Mittel $= 1{,}0$ kg m^{-2}, in der Isar zwischen München und Freising nach *Kreuter* $= 3{,}0$ kg m^{-2}. Übrigens ist die Schleppkraft, bei welcher das Geschiebe in Bewegung gerät, größer als die, bei der es zur Ruhe kommt. So fand Kreuter in der Rienz bei Vintl erstere $= 3{,}65$, letztere $= 2{,}98$ kg m^{-2}.

Von der Größe S_0 und dem jeweiligen S hängt der Geschiebetrieb G_1 der Breiteneinheit ab, d. i. die Geschiebemenge in Raumeinheiten, die in der Zeiteinheit über die Breiteneinheit der Sohle stromab wandert. Für G_2 stellte *P. du Boys* 1879 ein Gesetz auf, das wenigstens näherungsweise zutrifft und mit einer nur von der Geschiebegattung abhängigen Konstanten ψ von der Dimension m^6 kg^{-2} sec^{-1}, falls man γ in kg m^{-3} und h in m ausdrückt und man die Sekunde als Zeiteinheit wählt,

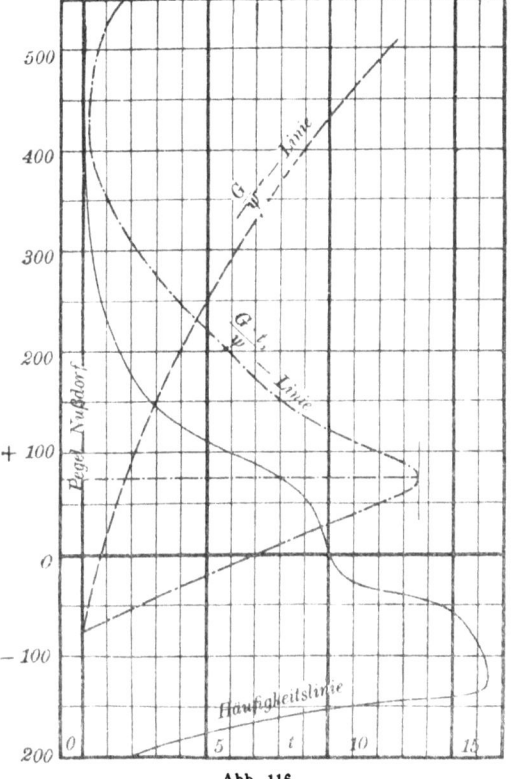

Abb. 116.

$$(123) \quad G_1 = \psi S(S-S_0) = \psi \gamma^2 h(h-h_0) J^2 = \psi \gamma J h(\gamma J h - S_0)$$

lautet. Nach dieser Formel beginnt die Geschiebewanderung bei einem gewissen Wasserstand, den man an der betreffenden Stelle durch die Beobachtung ermitteln kann, und nimmt dann rasch zu. Für die Gestaltung des Bettes sind trotzdem nicht die höchsten Wasserstände maßgebend, weil sie zu kurze Zeit dauern, sondern es zeigt sich ein gewisser mittelhoher Stand als *bettbildend*.

F. Schaffernak hat an einem Beispiel dargelegt, wie man den *bettbildenden* Wasserstand findet. Die mittlere Wassertiefe der Donau in Wien in m ist $= p + 3{,}75$, worin p den Pegelstand in Nußdorf bedeutet, ihr Gefälle beträgt 0,0005, und die Grenzschleppkraft S_0 kann hier zu $1{,}5 \text{ kg} \cdot \text{m}^{-2}$ geschätzt werden; γ ist $= 1000 \text{ kg} \cdot \text{m}^{-3}$. Daher hat man

$$G_1 : \psi = 1000\,(p+3{,}75)\,0{,}0005\,[1000\,(p+3{,}75)\,0{,}0005 - 1{,}5],$$

wonach sich für

$p =$	$-0{,}75$	0	$+1$	2	3	4	5	5,55
$G_1 : \psi =$		0,703	2,08	3,95	6,33	9,20	12,58	14,65

ergibt. Im Verlauf der 10 Jahre oder 3652 Tage von 1899 bis 1908 herrschte in Nußdorf der Pegelstand

$p =$	$+5{,}60$ bis 5,50	5,50 bis 5,40	5,40 bis 5,30...	
während	1,3	0,7	07	... Tagen
	$-1{,}85$ bis 1,95	$-1{,}95$ bis 2,05		
während	29,0	20,0		Tagen.

Hiernach konnte Schaffernak wie beistehend die Größen $(G_1 : \psi)$, die Häufigkeit, das ist die Zahl t der Tage, an welchen diese G_1 geherrscht hatten, und auf Grund der genannten beiden Linien noch jene der Produkte $(G_1 t : \psi)$ graphisch darstellen. Es zeigt sich, daß der Wasserstand bei dem Pegelstand $+0{,}75$, der jährlich im Durchschnitt während $7\,{}^1/_2$ Tagen besteht, den größten Geschiebetrieb $G_1 t$ verursacht und daher als bettbildend betrachtet werden darf.

Die Fläche zwischen der Kurve $Gt : \psi$ und der Abszissenachse gibt die Summe der Geschiebetriebe der einzelnen Wasserstände dividiert durch ψ an, ist also jeweils der während der betrachteten Periode geförderten Geschiebemenge proportional.

In dem behandelten Beispiele wurde nur die mittlere Tiefe in Betracht gezogen, während nach dem du Boysschen Ansatz Gl. (123) der Geschiebetrieb in einem nicht rechteckigen Querschnitt von Stelle zu Stelle wechselt und in den Randstreifen des Bettes, wo die Tiefe $h < h_0$ ist, überhaupt nicht statthat. Nach besagter Formel hätte man für den ganzen Querschnitt eine Wanderung

$$(124) \qquad G = \psi \gamma^2 J^2 \int_{y_1}^{y_2} h(h-h_0)\,dy$$

zu erwarten, worin y die Breitenabszissen bedeutet und y_1 sowie

Geschiebetrieb. Strömung in Röhren nach Darcy

y_2 die Abszissen der Punkte bezeichnen, in denen $h = h_0$ ist. Die Gleichung besagt, daß das Bett sich weder hebt noch senkt, wenn längs des ganzen Flußlaufes G einen und denselben Wert aufweist.

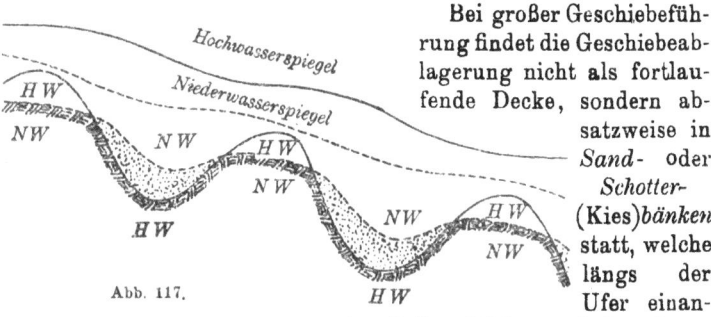

Abb. 117.

Bei großer Geschiebeführung findet die Geschiebeablagerung nicht als fortlaufende Decke, sondern absatzweise in Sand- oder Schotter- (Kies)*bänken* statt, welche längs der Ufer einander gegenüberliegende verschränkte Reihen bilden, zwischen denen sich die Stromrinne, das ist die Verbindungslinie der tiefsten Querschnittspunkte, schlängelt. An den ausbiegenden Stellen der Stromrinne tiefen die Hochwässer „*Kolke*" aus, an den Übergangsstellen der Krümmung häufen sie „*Furten*" auf. Über den Sand- oder Schotterbänken ist bei hohem Wasserstand der durchflossene Querschnitt kleiner, daher die Geschwindigkeit und das Gefälle größer als über den Furten. Das Niederwasser wird von den Bänken begrenzt und fließt über die Furten, die wie Grundschwellen wirken, mit größerem Gefälle als das über den Kolken herrschende Niederwassergefälle ab. Diese Gefälleumkehr bewirkt, daß die vom Hochwasser erzeugten Furten und Kolke von den Mittelwässern, insoweit sie noch Geschiebe fördern, teilweise wieder abgetragen bzw. angefüllt werden.

Tabelle I.

Gefälle nach Darcy. Geschwindigkeitshöhe und Geschwindigkeit in Röhren nach den Formeln (35a) S. 38.

Das Gefälle J oder der Druckhöhenverlust in m für 1 m Stranglänge ist für Röhren, die in Gebrauch stehen $= K Q^2$, für neue Röhren $\frac{2}{3} K Q^2$. Die Geschwindigkeitshöhe $\frac{U^2}{2g} = K' Q^2$ ist in m, die Geschwindigkeit $U = K'' Q$ in m sec^{-1}, der Durchfluß Q in m^3 sec^{-1}, der Durchmesser D in m auszudrücken.

D	K	K'	K''
0,01	116 785 000	8 263 800	12 732
0,02	2 338 500	516 490	3 183,1
0,03	250 310	102 022	1 414,7
0,04	52 560	32 281	795,78
0,05	15 874	13 222	509,30
0,06	6 021	6 376,4	353,68
0,07	2 666	3 441,8	259,84
0,08	1 321,9	2 017,5	198,94
0,09	713,78	1 259,5	157,19
0,10	412,42	826,38	127,32

Tabelle I. Strömung in Röhren nach Darcy

D	K	K'	K''
0,11	251,24	564,41	105,22
0,12	160,01	398,53	88,42
0,13	105,84	289,33	75,338
0,14	72,220	215,11	64,960
0,15	50,639	163,24	56,589
0,16	36,301	126,09	49,736
0,17	26,624	98,942	44,057
0,18	19,835	78,718	39,297
0,19	15,058	63,410	35,269
0,20	11,571	51,649	31,831
0,21	9,0184	42,491	28,871
0,22	7,1090	35,276	26,706
0,23	5,6720	29,530	24,068
0,24	4,5606	24,908	22,105
0,25	3,7052	21,155	20,372
0,26	3,0344	18,083	18,835
0,27	2,5030	15,550	17,466
0,28	2,0835	13,444	16,240
0,29	1,7419	11,684	15,139
0,30	1,4679	10,202	14,147
0,31	1,2412	8,9483	13,249
0,32	1,0571	7,8810	12,434
0,33	0,90470	6,9682	11,692
0,34	0,77782	6,1839	11,014
0,35	0,67040	5,5067	10,394
0,36	0,58124	4,9199	9,8243
0,37	0,50592	4,4094	9,3006
0,38	0,44272	3,9631	8,8174
0,39	0,38811	3,5721	8,3710
0,40	0,34133	3,2281	7,9578
0,41	0,30112	2,9244	7,5742
0,42	0,26644	2,6557	7,2178
0,43	0,23687	2,4171	6,8860
0,44	0,21075	2,2048	6,5766
0,45	0,18800	2,0153	6,2876
0,46	0,16844	1,8456	6,0171
0,47	0,15098	1,6935	5,7639
0,48	0,13565	1,5567	5,5262
0,49	0,12236	1,4335	5,3030
0,50	0,11039	1,3222	5,0930
0,55	0,068287	0,90306	4,2090
0,60	0,044031	0,63764	3,5368
0,65	0,029397	0,46293	3,0136
0,70	0,020255	0,34418	2,5984
0,75	0,014318	0,26118	2,2636
0,80	0,010350	0,20175	1,9895
0,85	0,0076287	0,15831	1,7622
0,90	0,0057314	0,12595	1,5719
0,95	0,0043577	0,10146	1,4108
1,00	0,0033655	0,082638	1,2732

Tabelle II. Werte von c in $U = c\sqrt{RJ}$ nach Ganguillet und Kutters Formel (55), S. 52.

Profilradius R in m	Rauhigkeit	Gefälle J							Rauhigkeit	Gefälle J						
		0,000025	0,00005	0,0001	0,0002	0,0004	0,001	0,01		0,000025	0,00005	0,0001	0,0002	0,0004	0,001	0,01
0,05	$n=0{,}010$	38	44	51	54	56	57	58	$n=0{,}013$	28	31	35	38	40	41	42
0,1		49	56	61	65	68	70	71		36	40	44	47	49	50	51
0,2		63	70	74	77	78	79	80		46	50	53	56	58	59	59
0,3		72	77	81	84	85	86	86		53	57	60	63	64	64	65
0,5		83	86	88	90	91	91	91		62	65	67	69	69	70	70
1,0		100	100	100	100	100	100	100		77	77	77	77	77	77	77
2,0		115	111	109	107	106	105	105		90	87	85	84	83	82	82
3,0		124	117	113	111	110	109	108		99	94	89	88	87	86	85
5,0		134	123	118	115	113	112	111		108	100	93	91	90	89	88
15,0		151	135	125	121	118	117	116		125	114	102	98	96	94	92
0,05	$n=0{,}017$	19	22	24	26	28	29	29	$n=0{,}020$	15	18	20	21	23	23	24
0,1		25	29	32	34	35	36	36		21	23	25	28	29	29	30
0,2		34	37	39	41	42	42	43		28	30	32	34	35	36	36
0,3		40	43	45	46	47	47	48		33	35	37	38	39	40	40
0,5		47	49	50	51	51	52	52		40	41	42	43	43	44	44
1,0		58	58	58	58	58	58	58		50	50	50	50	50	50	50
2,0		71	69	67	66	65	64	64		61	59	57	56	56	55	55
3,0		78	74	71	70	69	68	68		69	64	61	59	59	58	58
5,0		87	79	75	73	72	71	70		76	70	66	63	62	61	61
15,0		105	90	83	79	77	76	75		94	81	74	70	68	67	66
0,05	$n=0{,}025$	12	13	15	16	17	18	18	$n=0{,}030$	10	11	12	13	13	14	14
0,1		17	18	19	20	21	22	22		13	14	15	16	17	18	18
0,2		22	23	24	25	26	27	27		18	19	19	20	21	22	22
0,3		26	28	29	30	30	31	31		21	22	23	24	24	25	25
0,5		31	32	33	34	34	35	35		25	26	27	27	28	29	29
1,0		40	40	40	40	40	40	40		33	33	33	33	33	33	33
2,0		50	48	47	46	45	45	45		42	41	40	40	39	38	38
3,0		56	53	51	49	48	48	47		48	45	43	42	42	41	41
5,0		64	59	54	53	52	51	50		56	51	47	45	44	43	43
15,0		81	71	63	59	57	56	55		72	62	55	52	51	49	48
0,05	$n=0{,}035$	8	9	9	10	10	11	11	$n=0{,}040$	6	7	7	8	8	9	9
0,1		11	12	12	13	13	14	14		9	10	11	11	12	12	12
0,2		15	16	16	17	17	18	18		13	14	14	15	15	16	16
0,3		18	19	19	20	20	21	21		15	16	17	18	18	18	18
0,5		22	23	23	23	24	24	24		19	19	20	20	21	21	21
1,0		29	29	29	29	29	29	29		25	25	25	25	25	25	25
2,0		36	35	34	34	33	33	33		32	31	31	30	30	29	29
3,0		42	40	38	37	36	36	36		37	35	34	33	32	32	32
5,0		49	45	43	42	41	40	39		44	41	39	38	37	36	35
15,0		65	56	51	47	45	44	43		59	52	46	43	42	41	40

Tabelle III.
Werte von c in Bazins Formel (56), S. 52.

γ =	0,06	0,16	0,46	0,85	1,30	1,75	γ =	0,06	0,16	0,46	0,85	1,30	1,75
R in m							R in m						
0,05	68,5	50,7	28,5	18,1	12,8	9,9	0,45	79,8	70,2	51,6	38,4	29,6	24,1
0,06	69,8	52,6	30,2	19,4	13,8	10,7	0,46	79,9	70,4	51,8	38,6	29,8	24,3
0,07	70,9	54,2	31,7	20,6	14,7	11,4	0,47	80,0	70,5	52,0	38,8	30,0	24,5
0,08	71,8	55,6	33,1	21,7	15,5	12,1	0,48	80,0	70,6	52,3	39,1	30,2	24,7
0,09	72,5	56,7	34,4	22,7	16,3	12,7	0,49	80,1	70,8	52,5	39,3	30,4	24,8
0,10	73,1	57,7	35,5	23,6	17,0	13,3	0,50	80,2	70,9	52,7	39,5	30,6	25,0
0,11	73,6	58,7	36,5	24,4	17,7	13,9	0,55	80,4	71,5	53,7	40,5	31,6	25,9
0,12	74,1	59,5	37,4	25,2	18,3	14,4	0,60	80,7	72,1	54,6	41,4	32,5	26,7
0,13	74,6	60,2	38,2	25,9	18,9	14,9	0,65	80,9	72,6	55,4	42,3	33,3	27,4
0,14	75,0	60,9	39,0	26,7	19,4	15,3	0,70	81,1	73,0	56,1	43,1	34,1	28,1
0,15	75,3	61,5	39,7	27,2	19,9	15,8	0,75	81,3	73,4	56,8	43,9	34,8	28,8
0,16	75,6	62,1	40,5	27,8	20,4	16,2	0,80	81,5	73,8	57,4	44,6	35,5	29,4
0,17	75,9	62,7	41,2	28,4	20,9	16,6	0,85	81,7	74,1	58,0	45,2	36,1	30,0
0,18	76,2	63,2	41,8	29,0	21,4	17,0	0,90	81,8	74,4	58,6	45,9	36,7	30,6
0,19	76,5	63,6	42,4	29,5	21,8	17,3	0,95	81,9	74,7	59,1	46,5	37,3	31,1
0,20	76,7	64,1	42,9	30,0	22,3	17,7	1,00	82,0	75,0	59,6	47,0	37,8	31,6
0,21	76,9	64,5	43,5	30,5	22,7	18,1	1,10	82,2	75,4	60,5	48,0	38,8	32,6
0,22	77,1	64,9	44,0	30,9	23,1	18,4	1,20	82,4	75,9	61,3	48,9	39,7	33,5
0,23	77,3	65,2	44,4	31,4	23,4	18,7	1,30	82,6	76,3	62,0	49,8	40,6	34,3
0,24	77,5	65,5	44,8	31,8	23,8	19,0	1,40	82,8	76,6	62,6	50,6	41,4	35,1
0,25	77,6	65,9	45,3	32,2	24,2	19,3	1,50	82,9	76,9	63,2	51,3	42,2	35,8
0,26	77,8	66,2	45,7	32,6	24,5	19,6	1,60	83,0	77,2	63,8	52,0	42,9	36,5
0,27	78,0	66,5	46,1	33,0	24,8	19,9	1,70	83,1	77,5	64,3	52,6	43,6	37,1
0,28	78,1	66,8	46,5	33,4	25,2	20,2	1,80	83,2	77,7	64,8	53,2	44,2	37,7
0,29	78,3	67,0	46,9	33,7	25,5	20,5	1,90	83,3	77,9	65,2	53,8	44,8	38,3
0,30	78,4	67,3	47,3	34,1	25,8	20,7	2,00	83,4	78,1	65,6	54,3	45,3	38,9
0,31	78,5	67,6	47,6	34,3	26,1	21,0	2,20	83,6	78,5	66,4	55,3	46,4	39,9
0,32	78,6	67,8	47,9	34,7	26,4	21,2	2,40	83,7	78,8	67,1	56,2	47,3	40,8
0,33	78,8	68,0	48,2	35,1	26,7	21,5	2,60	83,8	79,1	67,5	57,0	48,1	41,7
0,34	78,9	68,2	48,5	35,4	26,9	21,7	2,80	83,9	79,4	68,2	57,7	48,9	42,5
0,35	79,0	68,4	48,8	35,7	27,2	22,0	3,00	84,0	79,6	68,7	58,3	49,7	43,3
0,36	79,1	68,6	49,2	36,0	27,5	22,2	3,20	84,1	79,8	69,2	58,9	50,4	44,0
0,37	79,2	68,8	49,5	36,3	27,7	22,4	3,40	84,2	80,0	69,6	59,5	51,0	44,6
0,38	79,2	69,0	49,8	36,6	28,0	22,7	3,60	84,3	80,2	70,0	60,1	51,6	45,2
0,39	79,3	69,2	50,1	36,8	28,2	22,9	3,80	84,4	80,4	70,4	60,6	52,2	45,8
0,40	79,4	69,4	50,4	37,1	28,5	23,1	4,00	84,4	80,5	70,7	61,0	52,7	46,4
0,41	79,5	69,6	50,6	37,4	28,7	23,3	4,50	84,6	80,9	71,5	62,1	53,9	47,6
0,42	79,6	69,7	50,9	37,6	28,9	23,5	5,00	84,7	81,2	72,1	63,0	55,0	48,8
0,43	79,7	69,9	51,1	37,9	29,2	23,7	5,50	84,8	81,4	72,7	63,8	56,0	49,8
0,44	79,7	70,1	51,4	38,1	29,4	23,9	6,00	84,9	81,6	73,2	64,6	56,8	50,7

Tabelle IV. Zur Berechnung der Staukurven nach Rühlmanns Formel (74e), S. 67.

$\frac{y}{h_0}$	$\frac{ix}{h_0}=\Sigma\frac{y}{h_0}$	$\frac{y}{h_0}$	$\frac{ix}{h_0}=\Sigma\frac{y}{h_0}$	$\frac{y}{h_0}$	$\frac{ix}{h_0}=\Sigma\frac{y}{h_0}$	$\frac{y}{h_0}$	$\frac{ix}{h_0}=\Sigma\frac{y}{h_0}$
0,010	0,0067	0,290	1,3243	0,570	1,7579	0,850	2,1095
0,015	0,1452	0,295	1,3336	0,575	1,7647	0,855	2,1154
0,020	0,2444	0,300	1,3428	0,580	1,7714	0,860	2,1213
0,025	0,3222	0,305	1,3519	0,585	1,7781	0,865	2,1272
0,030	0,3863	0,310	1,3610	0,590	1,7848	0,870	2,1331
0,035	0,4411	0,315	1,3700	0,595	1,7914	0,875	2,1390
0,040	0,4889	0,320	1,3789	0,600	1,7980	0,880	2,1449
0,045	0,5316	0,325	1,3877	0,605	1,8046	0,885	2,1508
0,050	0,5701	0,330	1,3964	0,610	1,8112	0,890	2,1567
0,055	0,6053	0,335	1 4050	0,615	1,8178	0,895	2,1625
0,060	0,6376	0,340	1,4136	0,620	1,8243	0,900	2,1683
0,065	0,6677	0,345	1,4221	0,625	1,8308	0,905	2,1742
0,070	0,6958	0,350	1,4306	0,630	1,8373	0,910	2,1800
0 075	0,7222	0,355	1,4390	0,635	1,8438	0,915	2,1858
0,080	0,7482	0,360	1,4473	0,640	1,8503	0,920	2,1916
0,085	0,7708	0,365	1,4556	0,645	1,8567	0,925	2,1974
0,090	0,7933	0,370	1,4638	0,650	1,8631	0,930	2,2032
0,095	0,8148	0,375	1,4720	0,655	1,8695	0,935	2,2090
0,100	0,8353	0,380	1,4801	0,660	1,8759	0,940	2,2148
0,105	0,8550	0,385	1,4882	0,665	1,8823	0,945	2 2206
0,110	0,8739	0,390	1,4962	0,670	1,8887	0,950	2,2264
0,115	0,8922	0,395	1,5041	0,675	1,8951	0,955	2,2322
0,120	0,9098	0,400	1,5119	0,680	1,9014	0,960	2,2380
0,125	0,9269	0,405	1,5197	0,685	1,9077	0,965	2,2438
0,130	0,9434	0,410	1,5275	0,690	1,9140	0,970	2,2496
0 135	0,9595	0,415	1,5353	0,695	1,9203	0,975	2,2554
0,140	0,9751	0,420	1,5430	0,700	1,9266	0,980	2,2611
0,145	0,9903	0,425	1,5507	0,705	1,9329	0,985	2,2668
0,150	1,0051	0,430	1,5583	0,710	1,9392	0,990	2,2725
0,155	1,0195	0,435	1,5659	0,715	1,9455	0,995	2,2782
0,160	1,0335	0,440	1,5734	0,720	1,9517	1,000	2,2839
0,165	1,0473	0,445	1,5809	0,725	1,9579	1,100	2,3971
0,170	1,0608	0,450	1,5884	0,730	1,9641	1,200	2,5083
0,175	1,0740	0,455	1,5958	0,735	1,9703	1,300	2,6179
0,180	1,0869	0,460	1,6032	0,740	1,9765	1,400	2,7264
0,185	1,0995	0,465	1,6106	0,745	1,9827	1,500	2,8337
0,190	1,1119	0,470	1,6179	0,750	1,9888	1,600	2,9401
0,195	1,1241	0,475	1,6252	0,755	1,9949	1,700	3,0458
0,200	1,1361	0,480	1,6324	0,760	2,0010	1,800	3,1508
0,205	1,1479	0,485	1,6396	0,765	2,0071	1,900	3,2553
0,210	1,1595	0 490	1,6468	0,770	2,0132	2,000	3,3594
0,215	1 1709	0,495	1,6540	0,775	2,0193	2,100	3,4631
0,220	1,1821	0,500	1,6611	0,780	2,0254	2,200	3,5664
0,225	1,1931	0,505	1,6682	0,785	2,0315	2,300	3,6694
0,230	1,2040	0,510	1,6753	0,790	2,0375	2,400	3,7720
0,235	1,2148	0,515	1,6823	0,795	2,0435	2,500	3,8745
0,240	1,2254	0,520	1,6893	0,800	2,0495	2,600	3,9768
0,245	1,2358	0,525	1,6963	0,805	2,0555	2,700	4,0789
0,250	1,2461	0,530	1,7032	0,810	2,0615	2,800	4,1808
0,255	1,2563	0,535	1,7101	0,815	2,0675	2,900	4,2826
0,260	1,2664	0,540	1,7170	0,820	2,0735	3,000	4,3845
0,265	1,2763	0,545	1,7239	0,825	2,0795	3,500	4,8911
0,270	1,2861	0,550	1,7308	0,830	2,0855	4,000	5,3958
0,275	1,2958	0,555	1 7376	0,835	2,0915	4,500	5,8993
0,280	1,3054	0,560	1,7444	0,840	2,0975	5,000	6,4018
0,285	1,3149	0,565	1,7512	0,845	2,1035		

Tabelle V.
Zur Berechnung der Senkungskurven nach Rühlmanns Formel (75a), S. 68.

$\dfrac{y}{h_0}$	$\dfrac{ix}{h_0} = T\dfrac{y}{h_0}$	$\dfrac{y}{h_0}$	$\dfrac{ix}{h_0} = T\dfrac{y}{h_0}$	$\dfrac{y}{h_0}$	$\dfrac{ix}{h_0} = T\dfrac{y}{h_0}$
0,010	0,0067	0,225	0,8939	0,440	0,9931
0,015	0,1251	0,230	0,8982	0,445	0,9941
0,020	0,2287	0,235	0,9023	0,450	0,9951
0,025	0,2888	0,240	0,9063	0,455	0,9961
0,030	0,3463	0,245	0,9101	0,460	0,9971
0,035	0,3943	0,250	0,9138	0,465	0,9980
0,040	0,4356	0,255	0,9174	0,470	0,9989
0,045	0,4715	0,260	0,9209	0,475	0,9998
0,050	0,5034	0,265	0,9242	0,480	1,0006
0,055	0,5319	0,270	0,9275	0,485	1,0014
0,060	0,5577	0,275	0,9306	0,490	1,0022
0,065	0,5811	0,280	0,9336	0,495	1,0029
0,070	0,6025	0,285	0,9365	0,500	1,0036
0,075	0,6222	0,290	0,9394	0,505	1,0043
0,080	0,6405	0,295	0,9421	0,510	1,0050
0,085	0,6575	0,300	0,9448	0,515	1,0057
0,090	0,6733	0,305	0,9473	0,520	1,0063
0,095	0,6881	0,310	0,9498	0,525	1,0069
0,100	0,7020	0,315	0,9522	0,530	1,0075
0,105	0,7150	0,320	0,9546	0,535	1,0081
0,110	0,7273	0,325	0,9569	0,540	1,0086
0,115	0,7389	0,330	0,9591	0,545	1,0091
0,120	0,7500	0,335	0,9612	0,550	1,0096
0,125	0,7603	0,340	0,9632	0,555	1,0101
0,130	0,7703	0,345	0,9652	0,560	1,0106
0,135	0,7796	0,350	0,9671	0,565	1,0111
0,140	0,7886	0,355	0,9690	0,570	1,0116
0,145	0,7971	0,360	0,9708	0,575	1,0121
0,150	0,8053	0,365	0,9725	0,580	1,0125
0,155	0,8131	0,370	0,9742	0,585	1,0129
0,160	0,8205	0,375	0,9759	0,590	1,0133
0,165	0,8276	0,380	0,9775	0,595	1,0137
0,170	0,8344	0,385	0,9790	0,600	1,0140
0,175	0,8410	0,390	0,9805	0,650	1,0166
0,180	0,8473	0,395	0,9819	0,700	1,0184
0,185	0,8533	0,400	0,9833	0,750	1,0194
0,190	0,8591	0,405	0,9847	0,800	1,0199
0,195	0,8647	0,410	0,9860	0,850	1,0202
0,200	0,8700	0,415	0,9873	0,900	1,0203
0,205	0,8751	0,420	0,9885	0,950	1,0203
0,210	0,8801	0,425	0,9897	1,000	1,0203
0,215	0,8848	0,430	0,9909		
0,220	0,8895	0,435	0,9920		

Literatur.

Bezüglich der bis 1913 oder 1914 erschienenen Literatur sei auf die im Verlage von B. G. Teubner herausgegebene „Hydraulik von Philipp Forchheimer, 2. Auflage 1924" verwiesen. An späteren Arbeiten seien mit folgenden Abkürzungen genannt: A. B. = Allgemeine Bauzeitung, Forsch. = Forschungsarbeiten auf dem Gebiete des Ingenieurwesens, Jb. = Jahrbuch der schiffbautechnischen Gesellschaft, Schw. B. = Schweizerische Bauzeitung, Sitz. = Sitzungsberichte der Akademie der Wissenschaften in Wien, math.-naturw. Klasse, Abt. II a, Ö. W. = Österreichische Wochenschrift für den öffentlichen Baudienst, Wk. = Die Wasserkraft, Zb. = Zentralblatt der Bauverwaltung, Z. f. Bauw. = Zeitschrift für Bauwesen, Z. Ö. = Zeitschrift des österreichischen Ingenieur- und Architekten-Vereins, Z. M. = Zeitschrift für angewandte Mathematik und Mechanik, Z. f. T. = Zeitschrift für das gesamte Turbinenwesen, Z. V. d. I. = Zeitschrift des Vereins deutscher Ingenieure.

Fr. Ahlborn, Turbulenz und Geschwindigkeitsverteilung in Flußläufen, Physikalische Zeitschrift 23 (1922) S. 57.

K. Beger, Versuche zur Bestimmung der Wasserdurchlässigkeit von Sand, Bauingenieur 3 (1922) S. 680.

E. Beyerhaus, Über Strömung am vorspringenden Kopf, Zb. 33 (1913) S. 512; Über Wasserabflußversuche an Talsperrenmodellen, Z. f. Bauw. 63 (1913) Sp. 663, 64 (1914) Sp. 145; Die natürlichen Flußformen als Folge gesetzmäßiger Querneigungen ... des Wasserspiegels, Zb. 34 (1914) S. 524, 529; Geschwindigkeitsformeln für Wasserläufe, Bauingenieur 2 (1921) S. 485; Die Trugschlüsse aus den Mississippi-Messungen, Zb. 41 (1921) S. 168; Wirkung einer Krümmung in offenen Wasserläufen, Z. f. Bauw. 72 (1922) Sp. 156.

P. Böß, Berechnung der Wasserspiegellage beim Wechsel des Fließzustandes, Berlin 1919.

K. Brabée, Rohrnetzberechnung in der Heiz- und Lüftungstechnik, 2. Aufl Berlin 1918.

E. Braun, Bemerkungen zur Allievischen Theorie der Druckschwankungen in Rohrleitungen, Turbine 6 (1909/10) S. 81, 347, 405; Einfluß der Rohrleitung auf die Regelung der Wasserturbine, Z. f. T. 7 (1910) S. 145, 166; Über Wasserschloßprobleme, Z. f. T. 17 (1920) S. 145, 147.

J. Büchi, Beobachtungen an Wasserkraftanlagen in Betrieb, Schw. B. 75 (1920) S. 79.

R. Ehrenberger, Eine neue Stauformel, Ö. W. 20 (1914) S. 503.

H. Engels, Versuche über Streichwehre, Forsch. Heft 200/201 (1917); Mitteilungen aus dem Dresdener Flußbaulaboratorium, Z. V. d. I. 62 (1918) S. 362, 387, 412; 64 (1920) S. 101.

E. Feifel, Über die veränderliche ... Strömung in offenen Gerinnen, insbesondere über Schwingungen in Turbinen-Triebwerken, Forsch Heft 205 (1918).

H. Föttinger, Fortschritte der Strömungslehre im Maschinenbau und Schiffbau, Jb. 5 (1924), Berlin 1925.

Ph. Forchheimer, Zur Grundwasserbewegung nach isothermischen Kurvenscharen, Sitz. 126 (1917) S. 409; Zur Theorie der Grundwasserströmungen, Sitz. 128 (1919) S. 1223; Der Sprungschwall, Petermanns Mitteilungen 1922; Der Durchfluß des Wassers durch

Röhren und Gräben, Berlin 1923; Der Durchfluß... durch Werkgräben und Gerinne, Z. V. d. I. 67 (1923) S. 989; Geschiebebewegung in Flüssen, Z. f. Bauw. 73 (1923) S. 212; Über den Wassersprung Wk. 20 (1925) S. 238.

Fr. Gebers, Das Ähnlichkeitsgesetz für den Flächenwiderstand in Wasser geradlinig fortbewegter polierter Platten, Schiffbau 22 (1920/21) S. 687, 713, 738, 767, 791, 842, 899, 928.

H. E. Gruner, Einiges über Bau und Berechnung von Stauwehranlagen, Schw. B. 66 (1915) S. 73.

H. E. Gruner u. Ed. Locher. Mitteilung von Versuchen zur Verhütung von Kolken an Wehren, Schw. B. 71 (1918) S. 25, 37, 49, 60, 79, 97, 119.

K. Hänlein, Über Flüssigkeitsstrahlen, Z. f. T. 15 (1918) S. 173, 184, 189, 200.

Handbuch der Ingenieurwissenschaften, 3. Teil Wasserbau 1, Gewässerkunde von P. Gerhardt, R. Jasmund, H. Engels, 5. Aufl. Leipzig 1923.

K. Hechler, Die Ergiebigkeit und Absenkung artesischer Brunnen, Bautechnik 1 (1923) S. 289.

L. Herzka, Wasserdruck auf kreisförmige zylindrische Wände, Ö. W. 21 (1915) S. 126, 202.

K. Hoefer, Untersuchungen über die Strömungsvorgänge im Steigrohr eines Druckluft-Wasserhebers, Forsch. Heft 138 (1913).

Th. v. Kármán, Über laminare und turbulente Reibung, Z. M. 1 (1921) S. 233.

J. Kozeny, Die Wasserführung der Flüsse, Leipzig-Wien 1920; Beiträge zur Theorie der Grundwasserbewegung, Ingenieur-Zeitschr. 1921, Nr. 10; Über Wandrauhigkeit, Wk. 17 (1922) S. 244; Über hydraulisches turbulentes Fließen, Wk. 17 (1922) S. 409; Berechnung des Staues in breiten Gerinnen, Wk. 19 (1924) S. 363; Über den kapillaren Aufstieg des Wassers im Boden, Kulturtechniker 27 (1924) S. 11; Zur Wasserbewegung nach Fanggräben, ebenda S. 57; Über turbulentes Fließen bei glatten Wänden, Z. M. 5 (1925), S. 244.

Ph. Krapf, Regelung der Ill, Ö. W. 25 (1919) S. 505; Schwemmstoffführung des Rheins und anderer Gewässer, ebenda S. 565, 577, 589; Die Gestaltung geschiebeführender Gewässer hinsichtlich Linienführung und Gefälle, S.-A. aus den „Rheinquellen" 1923/4.

E. Kreitmeyer, Beitrag zur Potenzformel, W. 19 (1924) S. 349.

H. Krey, Modellversuche über den Schiffbetrieb auf Kanälen, Forsch. Heft 107 (1911); Fahrt der Schiffe auf beschränktem Wasser, Schiffbau 14 (1913) S. 457, 537, 592, 628, 680, 731; Form des Schraubenstrahles und seine Energieänderung, Z. V. d. I. 59 (1915) S. 597; Bewegung der Schwemmstoffe in unseren Flüssen, Zb. 39 (1919) S. 212, 217; Berechnung des Staues infolge von Querschnittsverengungen, Zb. 39 (1919) S. 472; Die Wirkung von Ejektorschützen, Zb. 40 (1920) S. 472; Rechnerische Behandlung der Schwemmstoffbewegung, Zb. 41 (1921) S. 550; Der Widerstand von Sandkörnern und Kugeln bei der Bewegung im Wasser, Berlin 1921; Einfluß von künstlichen Querschnittseinengungen auf die Sturmfluthöhe im Tidegebiet, Zb. 43 (1923) S. 402; Der Widerstand von Einbauten, Bautechnik 1 (1923) S. 415.

H. Kröner, Versuche über Strömungen in stark erweiterten Kanälen, Forsch. Heft 222 (1917).

V. Kudielka, Das graphische Verfahren zur Bestimmung der Abflußmengen in städtischen Kanälen, A. B. 83 (1918) S. 16.

H. **Kulka**, Beitrag zur Theorie des Wasserdruckes und zur Bewertung ... des Segmentwehres ..., Leipzig 1913.
S. **Kurzmann**, Beobachtungen über Geschiebeführung, München 1919.
H. **Liebmann** u. D. **Thoma**, Zur Theorie des Wasserstoffes in Rohrleitungen, Z. f. T. 15 (1918) S. 293, 304.
J. **May**, Der Rhein-Rhone-Kanal und der Schiffszug mit Motorlokomotiven, Forsch. Heft 237 (1921).
R. v. **Mises**, Elemente der technischen Hydromechanik I, Leipzig 1914; Berechnung von Ausfluß- und Überfallzahlen, Z. V. d. I. 61 (1917) S. 447, 469, 493.
Mitteilungen der Versuchsanstalt für Wasserbau (Fr. **Schaffernak**), A. B. 80 (1915) S. 85; 81 (1916) S. 59; 82 (1917) S. 73.
Mittlere Isar A. G., Modellversuche, Charlottenburg 1923.
L. **Mühlhofer**, Zeichnerische Bestimmung der Spiegelbewegungen in Wasserschlössern ... mit unter Druck durchflossenem Zulaufgerinne, Berlin 1924; Zur Berechnung von Wasserschlössern mit oberer und unterer Speicherkammer, Z. Ö. 76 (1924) S. 393, 407.
J. **Nielsen**, Der Ausfluß aus einem ursprünglich nicht vollen Rohr, Sitz. 128 (1919) S. 1253.
J. **Oeltjen**, Über die Berechnung von Flutwellenlinien in einem Tidefluß, Zb. 39 (1919) S. 137.
L. **Prandtl**, Abriß von der Lehre von der Flüssigkeits- und Gasbewegung, Jena 1913 (aus dem Handwörterbuch der Naturwissenschaft).
F. **Prasil**, Geschwindigkeitsverteilung in Röhren, Z. f. T. 15 (1918) S. 221, 230.
L. **Prášil**, Wasserdruck auf kreiszylindrische Wände, Ö. W. 22 (1916) S. 240; Schaulinien örtlich und zeitlich veränderlicher Strömung, Wk. 17 (1922) S. 437.
E. **Prinz**, Handbuch der Hydrologie, 2. Aufl. Berlin 1923.
Th. **Rehbock**, Betrachtung über Abfluß, Stau- und Walzenbildung bei fließenden Gewässern, Berlin 1917; Zur Frage des Brückenstaues, Zb. 39 (1919) S. 197.
H. **Roth**, Wie bewegt sich fließendes Wasser? Schw. B. 66 (1915) S. 13.
Th. **Rümelin**, Die Fließwirbel, Schw. B. 68 (1916) S. 21; Wasserkraftanlagen, 2. Aufl. Sammlung Göschen 1919.
Fr. **Schaffernak**, Theorie des Geschiebetriebs und ihre Anwendungen, Z. Ö. 68 (1916) S. 209, 229; Neue Grundlagen für die Berechnung der Geschiebeführung in Flußläufen, Leipzig-Wien 1922.
L. **Schiller**, Experimentelle Untersuchungen zum Turbulenzproblem, Z. M. 1 (1921) S. 436; Entwicklung der laminaren Geschwindigkeitsverteilung, Z. M. 2 (1922) S. 96; Über den Strömungswiderstand in Röhren verschiedenen Querschnitts- und Rauhigkeitsgrades, Z. M. 3 (1923) S. 2.
A. **Schneider**, Bestimmung der Ausflußzahlen von Poncelet-Öffnungen für Wasser- und Kochsalzlösungen, Forsch. Heft 213 (1919).
R. **Schober**, Reibungswiderstand zwischen fließendem Wasser und benetztem Umfang, Dresden 1916 (besprochen Ö. W. 23 (1917) S. 545).
A. **Schoklitsch**, Über Schleppkraft und Geschiebebewegung, Leipzig u. Berlin 1914; Über das Vollaufen der Kanäle, Z. Ö. 67 (1915) S. 62; Über Dammbruchwellen, Sitz. 126 (1917) S. 1489); Über die Bewegungsweise des Wassers in offenen Gerinnen, Sitz. 129 (1920) S. 895; Spiegelbewegung in Wasserschlössern, Schw. B. 81 (1923) S. 129, 146; Graphische Hydraulik, Leipzig-Berlin 1923; Graphische Bemessung von Werksgräben, Wk. 19 (1924) S. 120.

Fr. Scobeys Untersuchungen über den Durchfluß durch Holzdaubenröhren, Wk. 16 (1921) S. 341; dsgl. durch Betonröhren, Wk. 17 (1922) S. 1; dsgl. durch Betongerinne, Wk. 17 (1922), S. 120.

A. v. Steiger, Haltbarkeit der Uferbauten in bezug auf die Schleppkraft, Schw. B. 72 (1918) S. 32, 34.

O. Streck, Aufgaben aus dem Wasserbau, Berlin 1924.

A. Strickler, ... Formeln zur Wasserschloßberechnung, Schweizer. Wasserwirtsch. 6 (1914) S. 249; Versuche über Druckschwankungen in eisernen Rohrleitungen, Schw. B. 63 (1914) S. 357; 64 (1914) S. 85.

R. Stückle, Einfluß des Innenanstriches von Zementrohren mit Innertol auf den Leitungswiderstand, Z. V. d. I. 58 (1914) S. 796.

H. Thorade, Die Bewegungsvorgänge in fortschreitenden Flutwellen, Annalen der Hydrographie und maritimen Meteorologie 48 (1920) S. 273, 328.

R. Tillmann, Über neuere Verfahren der graphischen Hydraulik, Wk. 16 (1921) S. 1, 15, 65, 84.

F. Vogt, Berechnung und Konstruktion des Wasserschlosses, Stuttgart 1923.

M. Weber, Die Grundlagen der Ähnlichkeits-Mechanik, Jb. 20 (1919) S. 355.

Weiß, Staukurvenberechnung für natürliche Wasserläufe, Wk. 16 (1921) S. 300.

R. Winkel, Windeinwirkung auf Gewässer, Zb. 37 (1917) S. 52, 1277; Die hydromechanischen Vorgänge beim Schleusen eines Schiffes, Bautechnik 1 (1923) S. 324; Verminderung der Schiffsbewegung durch besondere Schützengestaltung, Zb. 43 (1923) S. 486; Aufnahme der beim Schleusen in einer Kanalhaltung entstandenen Senkungswellen, Bautechnik 2 (1924) S. 251; Die Wasserbewegung in Leitungen mit Ringspaltdurchflußquerschnitt, Z. M. 3 (1923) S. 251.

F. Wittenbauer, Aufgaben aus der technischen Mechanik. III. Flüssigkeiten und Gase, 3. Aufl. Berlin 1921.

Namenverzeichnis.

Die beigedruckten Zahlen geben die Seite an.

Allievi 111. Archimedes 1, 12. d'Auria 109. Bazin 41, 52, 58, 59, 64, 92, 94, 95, 124. Bernoulli (Daniel) 16, 103. Bidone 65, 87. Beyerhaus 53. Biegeleisen 40, 43. Blasius 44. Borda 83, 89. du Boys 119. Brabbée 36, 40. Brahms 50. Brightmore 48. du Buat 107. Bukowsky 40. Castel 89. Ceconi 80. de Chézy 39, 51. Darcy 23, 38, 43, 51, 121. Dupuit 39. Engels 99, 105. Engler 22. Eytelwein 39, 107. Flamant 40, 44. Forchheimer 7, 27, 31, 33, 53, 63, 70, 75, 77, 99. Francis 93. Freeman 89, 91. Frenkell 48. Frese 96. Froude (W.) 108. Ganguillet 52, 55, 123. Gebers 105, 106, 108. v. Gerstner 78. Gibson 47 Gödecker 68. Gröger (O.) 57. Hagen 91. Hazen 24. Hégly 96. Hermanek 57. Herschel 17. Hochschild 47. Hubbell 48. Körting 49. Kozeny 40, 44, 81. Kreitmeyer 55. Kreuter 119. Kuichling 49. Kutter 41, 43, 52, 55, 123. Lagrange 78. Lang (H.) 39, 42, 43. Laplace 78. Lesbros 85, 87. Manning 52. Merriman 85, 86. Meyer (R. O.) 49. v. Mises 22. Newton 105. Pascal 11. Poiseuille 21. Poleni (Marchese) 92. Poncelet 85. de Prony 37, 51, 55. Rafter 95. Rehbock 66, 73, 94, 99. Reynolds 34, 40. Ritter (A.) 77. Rühlmann 68, 125, 126. Rümelin 52. de Saint-Venant 74. Schaffernak 68, 69, 120. Schoklitsch 77. Scobey 41. Siedek 57, 60. Smith (Hamilton jun.) 85, 86. Stevin 10. Stewart 90. Stokes 107. Strickler 112. Tadini 51, 55. Torricelli (E.) 15. Venturi 45. Weber (A.) 119. Weisbach 37, 43, 48, 87, 88, 89, 93, 97. Williams 48. Woltmann 39.

Sachverzeichnis

Die beigedruckten Zahlen geben die Seite an.

Abflußkurve 82
Äste der Staukurve 65
Ankunftsgeschwindigkeit 84. 93
Ansatzrohr 88
Artesischer Brunnen 34
Atmosphäre 4
Auftrieb 12. 33
Ausflußzahl (-koeffizient) 83 f.
Ausfluß unter Wasser 89.

Beckenleerlauf 102
Benetzter Umfang 50
Bettbildender Wasserstand 120
Bewegliches Bett 57. 119
Bodendurchlässigkeit 24. 25
Bodenloch, Öffnung 83
Bogen 2. 48
Bore 80
Brander, Brandung 109
Brechen der Welle 109
Brückenstau 72
Brunnen 27. 30. 31
Brunnenreihe 30
Bugwelle 108

Dammbruchkurve 76
Deckwalze 73
Deplacement 13
Drosselklappenwiderstand 49
Druck 3. 5
Druckhöhe 16. 34. 37
Druckhöhenverlust 33 f. 37
Dünne Wand 45. 87
Durchfluß 19. 21
Durchlässigkeit 24. 26

Effekt 19
Eigengewicht 4. 5. 13
Einschnürung 45. 83
Eintrittswiderstand 44
Eis 4
Energie 16
Erguß beim Überfall 92 f.

Feuerwehrstrahl 92
Filtergesetz 23
Fliehkraft 2. 20
Fließweise 58
Flüssigkeit 1
Fluß 67
Flußwasser 4
Formstückwiderstand 48. 49
Formwiderstand 108
Freie Nappe 93
Füllschwall 75
Furt 121

Gedrückte Nappe 88
Gefälle 23. 24. 37. 50. 60
Gefäßentleerung 104
Geschwindigkeitshöhe 16
Geschwindigkeitskoeffizient 83
Geschwindigkeitsskale 58
Geschwindigkeitsverteilung 58 f.
Geschiebetrieb 119
Gleichförmige Strömung 50
Gleiten 66
Grenzschleppkraft 119
Grenztiefe 59
Grundablaß 90. 102
Grundwasserströmung 25 f.
Grundwehr 97. 99

Haarröhrchen 22
Hahnwiderstand 49
Heckwelle 108
Hochwasserverlauf 79
Hydraulischer Radius 51
Hydrostatischer Druck 8

Innere Reibung 1. 21
Isotache 59

Kammerwasserschloß 114
Kanäle 52. 53. 55
Kastenrohr 90
Klebrigkeit 1

Sachverzeichnis

Knie 48
Kolk 121
Kontraktion 44
Korndurchmesser 24
Kritische Geschwindigkeit 32
Kronenbreite 95
Kropfröhre 48
Krümmer 39. 48

Länge zwischen den Loten 109
Leistung 19
Löschstrahl 92
Luft im Rohr 112

Maximalgeschwindigkeit 59
Meereswelle 78
Meerwasser 4
Meßwehr 92
Metazentrum 14
Mühlenwehr 94

Nappe 92
Neue Leitungen 35

Oberflächengeschwindigkeit 59
Oberflächenreibung des Schiffes 108
Öffnung 83 f.
Öl 22

Paradoxon 10
Parallelstoß 105
Pfeiler 72
Pferdestärke 19
Piezometer 17
Poncelet-Öffnung 85
Probebrunnen 29
Profilradius 51
Pufterschacht 113
Pulsation 58

Quecksilber 4
Quirl, Quirlfreiheit 21

Rauheit, Rauhigkeit 51
Reaktion 103
Reibungskoeffizient 21
Reibungswiderstand des Schiffes 108
Retention 81
Richtungsänderung 48
Rohr, Rohrreibung 37 f.
Rohrbrunnen 32
Rohrerweiterung 46. 47
Rohrverengung 47

Rollen des Schiffes 13
Ruhespiegel 29. 37
Scharfe Kante 45
Scharfer Rand 85. 87
Scheerkraft 1
Scheinbarer Brückenstau 72
Schichten (Strömung) 34
Schieberwiderstand 49. 90
Schießen 66
Schlauchreibung 36. 89
Schleppkraft 118
Schmieröl 22
Schnelligkeit 74
Schwall 75
Schwimmebene 13
Schwingung im Wasserschloß 113
Seeinhaltskurve 81
Seerückhalt 80
Seiteneinzwängung 95
Senkung des Spiegels 65
Senkungskurve 67 f.
Senkungstrichter 29
Spantberechnung 12
Sprungweite 91
Sprungwelle 80
Spundwandwirkung 33
Spülung 78
Stabilität 13
Stampfen 13
Standrohr 17. 33
Stationäre Strömung 60
Staukurve 62 f. 66 f.
Staumauer 9
Stauschwall 75
Steighöhe 91
Stilles Wasser 66
Stollen 113
Stoß schwimmender Gegenstände 108
Strahl 47. 88. 91. 103
Strahldruck 103
Strahlrohr 89
Streichwehr 99
Strömen 66
Strömen in beweglichem Bett 57
Strömen in offenen Gerinnen 50 f.
Strömen in Röhren 34 f.
Strömungsdruck 107
Stromstrich 59
Stürmer 77. 80
Stufe 65
Sturzbett 99
Stutzen 89

Tropfenfall 91
Turbulenz 36

Überfallhöhe 93. 95
Überfallwehr 92 f.
Überhöhung in Kurven 2
Überschwemmungsgebiete 56
Unratskanäle 41
Unregelmäßiges Bett 62
Unterdruck 45. 94
Unvollkommener Überfall 96 f.

Veränderliche Strömung 60
Verdrängungswiderstand 108
Versuchsbrunnen 29
Viskosität 21
Vollkommene Flüssigkeit 19
Vollkommener Überfall 94 f.

Wanderwelle 66
Warmwasserröhren 40
Wasserdruck 3. 5. 8
Wasserschlag 110
Wasserschloß 113

Wasserschwelle 65
Wassersprung 65
Wasserstoß 103 f.
Wasserverdrängung 13
Wasserwiderstand 105
Wellenform 78
Wellenfortschritt 14. 74. 80
Wehrkante 92. 95
Wehrkrone, -rücken 94
Wehrauftrieb, -unterströmung 31
Widderstoß 110
Widerstandskoeffizient 44 f. 83 f.
Widerstand verschiedener Vorrichtungen 49
Wildbach, Wildes Wasser 65. 67
Wirbel 19. 36
Wirklicher Brückenstau 72
Wirksamer Korndurchmesser 24

Zähigkeit 1. 21
Zuflußsummenkurve 81
Zusammengesetzter Querschnitt 56

Von demselben Verfasser erschien.

HYDRAULIK

Mit 355 Textfiguren. [X u. 566 S.] gr. 8. 1924. Geh. M. 20.—, geb. M. 23.—

„In selten übersichtlicher Weise enthält das Werk neben den theoretischen Entwicklungen ein so reiches Material aus allen einschlägigen Versuchsergebnissen ältester bis neuester Zeit, daß es einen wichtigen Berater darstellt." **(Zeitschr. des Vereins deutscher Ingenieure.)**

Graphische Hydraulik. Von Zivilingenieur Dr. *A. Schoklitsch,* Privatdozent a. d. Techn. Hochschule Graz. Mit 45 Fig. im Text. [IV u. 71 S.] gr. 8. 1923. (Samml. math.-phys. Lehrb. Bd. 21.) Kart. M. 2.60

Der Verfasser zeigt, wie die Anwendung der graphischen Verfahren in der Hydraulik die gleiche Vereinfachung und Übersichtlichkeit mit sich bringt wie in der Statik, beim Brückenbau u. a., wobei die Genauigkeit der Ergebnisse nicht hinter der mit dem Rechenschieber ermittelten zurücksteht. Das Buch wird auch in der Praxis besonderes Interesse finden, weil vor allem das behandelt worden ist, was für den Ingenieur von Bedeutung ist.

Lehrbuch der Hydrodynamik. Von *H. Lamb,* Prof. an der Viktoria-Universität Manchester. Deutsche autorisierte Ausgabe. (Nach der 3. englisch. Auflage.) Besorgt von Dr. *J. Friedel.* Mit 79 Fig. im Text. [XIV u. 788 S.] gr. 8. 1907. (Teubn. Lehrb. d. math. Wiss. Bd. XXVI.) Geb. M. 30.—

„Die Hydrodynamik Lambs ist charakterisiert durch Klarheit und Eleganz; sie vereinigt in hervorragender Weise mathematische Präzision und physikalische Denkrichtung, so daß sie als Muster einer theoretisch-physikalischen Darstellung bezeichnet werden kann." **(Vierteljahrsschrift des Wiener Vereins zur Förderung des physikalischen u. chemischen Unterrichts.)**

Elemente der technischen Hydromechanik. Von Dr. *R. v. Mises,* Prof. an der Technischen Hochschule Berlin. I. Teil. Mit 72 Fig. im Text. [VI u. 212 S.] gr. 8. 1914. (Samml. math.-phys. Lehrb. Bd. 17, I) Kart. M. 6.—. [II. Teil in Vorb. 1926.]

Die für die Technik wichtigsten praktischen Probleme der Hydromechanik werden in durchaus neuer und eigenartiger Weise entwickelt.

Theorie der Wasserräder. Von Dr. *R. v. Mises,* Prof. an der Techn. Hochschule Berlin. [II u. 120 S.] gr. 8. 1908. Geh. M. 3.—

„Wer mit ausreichenden mathematischen Kenntnissen ausgerüstet ist, wird das Werk gewiß nicht ohne großen Nutzen lesen." (Rundschau f. Techn. u. Wirtsch.)

Vorlesungen über technische Mechanik. In 6 Bdn. Von Geh. Hofrat Dr. *A. Föppl,* weil. Prof. a. d. Techn. Hochschule München. I. Bd. **Einführung in die Mechanik.** 8. Aufl. Mit 104 Fig. i. T. [XVI u. 414 S.] gr. 8. 1921. Geb. M. 15.—. II. Bd. **Graphische Statik.** 7. Aufl. Mit 209 Abb. i. T. [XII u. 404 S.] gr. 8. 1926. Geb. M. 15.—. III. Bd. **Festigkeitslehre.** 9. Aufl. Mit 114 Abb. i. T. [XVIII u. 446 S.] gr. 8. 1922. Geh. M. 10.60, geb. M. 12.60. IV. Bd. **Dynamik.** 7. Aufl. Mit 86 Fig. i. T. [X u. 417 S.] gr. 8. 1923. Geh. M. 9.60, geb. M. 11.60. V. Bd. **Die wichtigsten Lehren der höheren Elastizitätstheorie.** 4. Aufl. Mit 44 Abb. i. T. [XII u. 372 S.] gr. 8. 1922. Geb. M. 10.60. VI. Bd. **Die wichtigsten Lehren der höheren Dynamik.** 4. Aufl. Mit 33 Abb. i. T. [XII u. 456 S.] gr. 8. 1921. Geh. M. 10.60, geb. M. 12.60

Angewandte Mechanik. Ein Lehrbuch für Studierende, die Versuche anstellen u. numerische u. graph. Beispiele durcharbeiten wollen. Von Dr. *J. Perry,* weil. Prof. in London. Berecht. deutsche Übersetzung von Ing. *R. Schick* in Berlin-Schöneberg. Mit 371 Fig. im Text. [VIII u. 666 S.] gr. 8. 1908. Geb. M. 24.—

Die von Perry gegebene Darstellung ist dadurch gekennzeichnet, daß alle Methoden der technischen Wissenschaft gleichmäßig zur Geltung gebracht werden. Infolgedessen wird die hauptsächlichste Aufgabe eines Lehrbuches, dem Studierenden den vorgetragenen Stoff von allen Seiten kritisch zu zeigen, in selten vollkommener Weise erfüllt.

Verlag von B. G. Teubner in Leipzig und Berlin

Lehrbuch der Physik. Von Prof. *E. Grimsehl*, weil. Dir. der Oberrealschule auf der Uhlenhorst, Hamburg. Zum Gebrauch beim Unterr., bei akad. Vorles. u. zum Selbststudium. 2 Bde. Bearb. v. Prof. Dr. *W. Hillers* in Hamburg u. Prof. Dr. *H. Starke* in Aachen. I. Bd.: Mechanik, Wärmelehre, Akustik u. Optik. 6., verm. u. verb. Aufl. Mit 1090 Fig. i. T. u. auf 2 farb. Taf. [XII u. 1142 S.] gr. 8. 1923. Geh. M. 25.—, geb. M. 28.—. II. Bd.: Magnetismus u. Elektrizität. 5. Aufl. Mit 580 Abb. im Text. [X u. 780 S.] 1923. Geh. M. 16.60, geb. M. 19.—

Lehrbuch der praktischen Physik. Von Prof. Dr. *F. Kohlrausch*, weil. Präsident der physik.-techn. Reichsanstalt, Berlin. 14., stark verm. Aufl. Neubearb. von *E. Brodhun*, *H. Geiger*, *E. Giebe*, *E. Grüneisen*, *L. Holborn*, *K. Scheel*, *O. Schönrock* u. *E. Warburg*. Mit 395 Fig. im Text. [XXVIII u. 802 S.] gr. 8. 1923. Geh. M. 22.—, geb. M. 25.—

Kleiner Leitfaden der praktischen Physik. Von Prof. Dr. *F. Kohlrausch*, weil. Präsid. d. phys.-techn. Reichsanstalt zu Berlin. 4. Aufl. bearb. von Dr. *H. Scholl*, weil. Prof. a. d. Univ. Leipzig. Mit 165 Abb. [X u. 320 S.] gr. 8. 1921. Geh. M. 7.—, geb. M. 9.—

Die neubearbeitete Auflage stellt eine erhebliche Erweiterung dar, da das Buch neben dem Universitätspraktikum auch dem späteren Beruf nutzbar gemacht wurde. So haben die physikalischen Apparate des ärztlichen Berufes und des Schulunterrichts weitgehendste Berücksichtigung gefunden. Die den Abschnitten vorangestellten Bemerkungen ergeben in ihrer Gesamtheit zugleich ein Repetitorium der Experimentalphysik.

Physik in graphischen Darstellungen. Von Hofrat Dr. *F. Auerbach*, Prof. an der Univ. Jena. 2. Aufl. 1557 Fig. auf 257 Tafeln. Mit erläuterndem Text. [XII, 257 Tafel- u. 30 Textseiten.] gr. 8. 1925. In Ganzl. geb. M. 14.—

Die Neuauflage wurde durch 50 Tafeln ergänzt, mit denen insbesondere auch die zufolge der wissenschaftlichen Fortschritte heute im Vordergrund des Interesses stehenden Gebiete berücksichtigt wurden, so daß das Werk das Wichtigste und Interessanteste aus dem Gesamtgebiete der Physik und ihrer Nachbarwissenschaften nach dem heutigen Stand in graphischen Darstellungen darbietet.

Physikalisches Wörterbuch. Von Dr. *G. Berndt*, Prof. an der Techn. Hochschule Berlin. Mit 81 Fig. im Text. [IV u. 200 S.] 8. 1920. (Teubn. kl. Fachwörterb., Bd. 5.) Geh. M. 3.60

Pascals Repertorium der höheren Mathematik. 2., völlig umgearb. Aufl. der deutschen Ausgabe. Unter Mitwirkung zahlr. Mathematiker hrsg. von Dr. *E. Salkowski*, Prof. an der Techn. Hochschule Hannover und Dr. *H. E. Timerding*, Prof. an der Techn. Hochschule Braunschweig. 8. I. Band: Analysis. Hrsg. von *E. Salkowski*. I. Hälfte: Algebra, Differential- und Integralrechnung. [XV u. 527 S.] 1910. Geb. M. 18.—. II. Hälfte: Differentialgleichungen, Funktionentheorie, Zahlentheorie. [U. d. Pr. 1926.] II. Band: Geometrie. Hrsg. von *H. E. Timerding*. I. Hälfte: Grundlagen und ebene Geometrie. Mit 54 Fig. [XVIII u. 534 S.] 1910. Geb. M. 18.—. II. Hälfte: Raumgeometrie. Mit 12 Fig. im Text. [XII u. 628 S.] 1922. Geh. M. 17.—, geb. M. 20.—

Höhere Mathematik für Mathematiker, Physiker und Ingenieure. Von Dr. *R. Rothe*, Prof. an der Techn. Hochschule Berlin. 3 Bde. (Teubn. techn. Leitfäd. Bd. 21/23.) Bd. I: Differentialrechn. u. Grundformeln der Integralrechn. nebst Anwend. Mit 155 Fig. im Text. [VII u. 185 S.] gr. 8. 1925. Kart. M. 5.— Bd. II: Integralrechnung, Unendliche Reihen, Vektorrechnung nebst Anwendungen. Bd. III: Raumkurven u. Flächen, Linienintegrale u. mehrfache Integrale, Gewöhnliche und partielle Differentialgleichungen nebst Anwendungen. [Bd. II u. III in Vorb. 1926.]

Höhere Mathematik für Ingenieure. Von Dr. *J. Perry*, weil. Prof. in London. Autoris. deutsche Bearb. v. Geh. Hofrat Prof. Dr. *R. Fricke*, in Verb. mit *F. Süchting*, Prof. an der Bergakademie Clausthal. 4. Aufl. Mit 106 Fig. [XVI u. 450 S.] gr. 8. 1923. Geh. M. 16.—, geb. M. 18.—

Verlag von B. G. Teubner in Leipzig und Berlin

Lehrbuch der Differential- und Integralrechnung. Ursprünglich Übersetzung des Lehrbuches von *J. A. Serret*, seit der 3. Aufl. gänzlich neu bearb. von Geh. Reg.-Rat Dr. *G. Scheffers*, Prof. a. d. Techn. Hochschule Berlin. gr. 8. I. Bd.: Differentialrechnung. 8. Aufl. Mit 70 Fig. i. T. [XVI u. 670 S.] 1924. Geb. M. 22.—. II. Bd.: Integralrechnung. 6. u. 7. Aufl. Mit 108 Fig. i. T. [XII u. 612 S.] 1921. Geb. M. 17.60, geb. M. 20.—. III. Bd.: Differentialgleichungen u. Variationsrechnungen. 6. Aufl. Mit 64 Fig. i. T. [XII u. 732 S.] 1924. Geb. M. 24.—

„Die rasche Aufeinanderfolge der Auflagen spricht zur Genüge für die Güte des Buches, das auch wegen der Reichhaltigkeit des Stoffes und der leicht faßlichen Darstellung Lehrenden und Lernenden aufs wärmste empfohlen werden kann." **(Archiv der Mathematik u. Physik.)**

Lehrbuch der Differential- und Integralrechnung und ihrer Anwendungen.
Von Geh. Hofrat Prof. Dr. *R. Fricke.* gr. 8. I. Bd.: Differentialrechnung. 2. u. 3. Aufl. Mit 129 in d. Text gedr. Fig., 1 Samml. v. 253 Aufg. u. 1 Formeltab. [XII u. 388 S.] 1921. Geb. M. 10.60, geb. M. 13.—. II. Bd.: Integralrechnung. 2. u. 3. Aufl. Mit 100 in d. Text gedr. Fig., 1 Samml. von 242 Aufg. u. 1 Formeltab. [IV u. 406 S.] 1921. Geb. M. 10.80, geb. M. 13.—

Das Problem des Unterrichts in den Grundlagen der höheren Mathematik an den Technischen Hochschulen ist seit mehr als zwei Jahrzehnten nicht nur wiederholt besprochen und in Monographien behandelt, sondern hat auch die Gestaltung der neueren Lehrbuchliteratur wesentlich beeinflußt. Auch das vorliegende Lehrbuch ist aus dieser Bewegung hervorgewachsen.

Sammlung von Aufgaben zur Anwendung der Differential- und Integralrechnung.
Von Geh. Hofrat Dr. *F. Dingeldey*, Prof. a. d. Techn. Hochschule Darmstadt. (Teubn. Lehrb. d. math. Wiss. XXXII.) I. Teil: Aufg. z. Anwend. d. Differentialrechnung. 2. Aufl. Mit 99 Fig. [V u. 202 S.] gr. 8. 1921. Geh. M. 6.—, geb. M. 8.— II. Teil: Aufg. z. Anwendung d. Integralrechnung. 3. Aufl. Mit 96 Figuren. [IV u. 387 S.] gr. 8. 1923. Geh. M. 13.—, geb. M. 15.—

Praktische Analysis.
Von Dr. *H. v. Sanden*, Prof. a. d. Techn. Hochschule in Hannover. 2., verb. Aufl. Mit 32 Abb. i. Text. [XVIII u. 195 S.] 8. 1923. (Handb. d. ang. Math. Bd. I.) Kart. M. 5.60

Einführung in die Vektoranalysis.
Mit Anwend. a. d. mathem. Physik. Von Dr. *R. Gans*, Prof. an d. Univers. Königsberg. 5., verb. Aufl. Mit 40 Fig. i. T. [VI u. 120 S.] gr.8. 1923. (Teubn. techn. Leitfäden Bd. 16.) Kart. M. 3.—

Das Buch verfolgt den Zweck, ganz kurz in die Rechenmethoden der Vektoranalysis einzuführen. Um ihre Anwendbarkeit zu zeigen, sind viele Beispiele aus der theoretischen Physik gegeben; dabei sind die physikalischen Grundlagen der Theorien auf einfache Weise abgeleitet.

Einführung in die Nomographie.
Von Studienrat *P. Luckey* in Marburg. I. Teil: Die Funktionsleiter. Mit 35 Fig. im Text und auf 1 Tafel. 2. Aufl. [IV u. 60 S.] II. Teil: Die Zeichnung als Rechenmaschine. Mit 34 Fig. [IV u. 63 S.] kl. 8. (Math.-Phys. Bibl. Bd. 28 u. 37.) Kart. je M. 1.20

Behandelt im ersten Teile in anschaulicher Form die verschiedenen Funktionsleitern oder Funktionsskalen, mit deren Hilfe man an Stelle langwieriger Rechenarbeit die Lösungen mit hinreichender Genauigkeit aus graphischen Tafeln ablesen kann und zeigt im zweiten Teile an einfachen Beispielen Wesen und Wert der funktionalen Papiere, Rechenblätter und Fluchtentafeln auf, so daß der Leser befähigt wird, für eigene praktische Zwecke Nomogramme selbst zu entwerfen.

Über die Nomographie von M. d'Ocagne.
Eine Einführung in dieses Gebiet. Von Geh. Reg.-Rat Dr. *Fr. Schilling*, Professor an der Techn. Hochschule Danzig. Mit 28 Abb. [47 S.] gr. 8. 3. Nachdr. 1922. Kart. M. 2.—

Verlag von B. G. Teubner in Leipzig und Berlin

In der Sammlung „Aus Natur und Geisteswelt" und der „Mathem.-Physik. Bibliothek" sind u. a. erschienen:

Der Gegenstand der Mathematik im Lichte ihrer Entwicklung. Von Oberstudienrat Prof. Dr. *H. Wieleitner.* †(Bd. 50.)

Einführung in die Infinitesimalrechnung mit einer histor. Übersicht. Von Prof. Dr. *G. Kowalewski.* 3., verbess. Aufl. Mit 18 Fig. *(Bd 197.)

Einführung in die Infinitesimalrechnung. V. Oberstud.-Rat Prof. Dr. *A. Witting.* 2. Aufl. I: Die Differentialrechnung. II: Die Integralrechnung. †(Bd. 9 u. 41.)

Differentialgleichungen. Von Studienrat *K. Fladt.* †(In Vorb. 1926.)

Differentialrechnung unter Berücksichtigung der prakt. Anwendung in der Technik, m. zahlr. Beispielen u. Aufgab. versehen. Von Studienrat Privatdoz. Dr. *M. Lindow.* 4. Aufl. Mit 50 Fig. 161 Aufg. *(Bd. 387.)

Differentialgleichungen. Unt. Berücksicht. d. prakt. Anwendung in d. Technik m. zahlr. Beisp. u. Aufgaben versehen. Von Studienrat Privatdoz. Dr. *M. Lindow.* Mit 38 Fig. im Text und 160 Aufgaben. *(Bd. 589.)

Integralrechnung unter Berücksichtigung d. prakt. Anwendung in d. Technik m. zahlr. Beisp. u. Aufg. versehen von Studienrat Priv.-Doz. Dr. *M. Lindow.* 3. Aufl. Mit 43 Fig. u. 200 Aufgaben. *(Bd. 673.)

Vektoranalysis. Von Privatdozent Dr. *M. Krafft.* [In Vorb. 1926.] *(Bd. 677.)

Vektoranalysis. Von Studienrat Dr. *L. Peters.* †(Bd. 57.)

Mengenlehre. Von Dr. *K. Grelling.* †(58.)

Unendliche Reihen. Von Studienrat Dr. *K. Fladt.* †(Bd. 61.)

Kreisevolventen und ganze algebr. Funktionen. Von Dr. *H. Onnen.* †(Bd. 51.)

Konforme Abbildungen. Von Studienrat *E. Wicke.* †[U. d. Pr. 1926.]

Nichteuklidische Geometrie in der Kugelebene. Von Prof. Dr. *W. Dieck.* †(31.)

Graphisches Rechnen. Von Prof *O. Prölß.* Mit 164 Fig. im Text. *(Bd. 708.)

Einführung in die Nomographie. Von Studienrat *P. Luckey.* I. Die Funktionsleiter. 2., verb. u. verm. Aufl. II. Die Zeichnung als Rechenmaschine. †(Bd. 28 u. 37.)

Prakt. Mathematik. Von Prof. Dr. *R. Neuendorff.* I. Teil: Graphische Darstellungen. Verkürztes Rechnen. Das Rechnen mit Tabellen. Mechanische Rechenhilfsmittel. Kaufmännisches Rechnen im tägl. Leben. Wahrscheinlichkeitsrechnung. 3. Aufl. Mit 29 Fig. im Text u. 1 Tafel. II. Teil: Geometrisches Zeichnen, Projektionslehre, Flächenmessung, Körpermessung. Mit 133 Fig. *(Bd. 341 u. 526.)

Theorie u. Praxis des logarithmischen Rechenstabes. Von Oberstudiendirektor *A. Rohrberg.* 3. Aufl. †(Bd. 23.)

Projektionslehre, Von akadem. Zeichenlehrer *A. Schudeisky.* 2. Aufl. Mit 165 Fig. *(Bd. 564.)

Elementarmathematik und Technik. Eine Sammlung elementarmathem. Aufgaben mit Beziehungen zur Technik. Von Prof. Dr. *R. Rothe.* †(Bd. 54.)

Mechanik. Von Prof. Dr. *G. Hamel.* 3 Bde. I. Grundbegriffe der Mechanik. Mit 38 Fig. II. Mechanik d. festen Körper. III. Mechanik d. flüssig. u. luftförm. Körper. *(Bd. 684/686.)

Statik. Von Gewerbeschulrat Oberstudiendirektor *A. Schau.* 2. Aufl. Mit 112 Fig. *(Bd. 828.)

Festigkeitslehre. Von Gewerbeschulrat Oberstudiendirektor *A. Schau.* 2. Aufl. Mit 119 Fig. im Text. *(Bd. 829.)

Einführung in die Technik. Von Geh. Reg.-Rat Prof. Dr. *H. Lorenz.* Mit 77 Abb *(Bd. 729.)

Einführung in die techn. Wärmelehre (Thermodynamik). Von Geh. Bergrat Prof. *R. Vater.* 3. Aufl. v. Prof. Dr. *Fr. Schmidt.* Mit 46 Abb. im Text. *(Bd. 516.)

Praktische Thermodynamik. Von Geh. Bergrat Prof. *R. Vater.* 2. Aufl. von Prof. Dr. *Fr. Schmidt.* Mit 40 Abb. u. 3 Taf. *(Bd. 596.)

Wasserkraftausnutzung und Wasserkraftmaschinen. Von Dr.-Ing. *F. Lawaczek.* Mit 57 Abb. *(Bd. 732.)

Die Fördermittel. Einrichtungen z. Fördern v. Massengütern u. Einzellasten in industriellen Betrieben. Von Oberingenieur *O. Bechstein.* Mit 74 Abb. im Text. *(Bd. 726.)

Die drahtlose Telegraphie und Telephonie. Ihre Grundlagen und ihre Entwicklung. Von Studienrat Dr. *P. Fischer.* Mit 48 Abb. *(Bd. 822.)

Drahtlose Telegraphie u. Telephonie in ihren physikalischen Grundlagen. Von Dr. *W. Ilberg.* †(Bd. 62.)

† Mathematisch-Physikalische Bibliothek. Jeder Band kart. M. 1.20, Doppelband M. 2.40
* Aus Natur und Geisteswelt. Jeder Band geb. M. 2.—

Verlag von B. G. Teubner in Leipzig und Berlin

TEUBNERS TECHNISCHE LEITFÄDEN

Ausgleichsrechnung nach der Methode der kleinsten Quadrate in ihrer Anwendung auf Physik, Maschinenbau, Elektrotechnik und Geodäsie. Von Ingenieur V. Happach, Oranienburg b. Berlin. Mit 7 Fig. [IV u. 74 S.] 1923. (Bd. 18.)

Grundzüge der Festigkeitslehre. Von Geh. Hofrat Dr.-Ing. A. Föppl, weil. Prof. a. d. Techn. Hochschule in München u. Dr.-Ing. O. Föppl, Prof. a. d. Techn. Hochschule in Braunschweig. Mit 141 Abb. im Text u. a. 1 Tafel. [IV u. 290 S.] 1923. (Bd. 17.)

Technische Statik. Von Dr.-Ing. A. Pröll, Prof. an der Techn. Hochschule in Hannover. (Bd. 26.) [In Vorb. 1926.]

Dynamik. Von Dr.-Ing. A. Pröll, Prof. a. d. Techn. Hochschule in Hannover. (Bd. 25.) [In Vorb. 1926.]

Grundriß der Hydraulik. Von Hofrat Prof. Dr. Ph. Forchheimer, Wien. Mit 114 Fig. im Text. [V u. 118 S.] 1920. (Bd. 8.)

Dampfturbinen und Turbokompressoren. Von Dr.-Ing. H. Baer, Professor an der Technischen Hochschule in Breslau. Mit 130 Abb. [IV u. 153 S.] 1924. (Bd. 20.)

Wasserkraftmaschinen und Kreiselpumpen. Von Dr.-Ing. F. Lawaczek in München. [In Vorb. 1926.] (Bd. 28.)

Die elektrischen Maschinen. Einführung in ihre Theorie und Praxis. Von Dr.-Ing. M. Liwschitz, Charlottenburg. Mit 284 Abb. u. 13 Tafeln. [X u. 336 S.] 1926. (Bd. 24.)

Erdbau, Stollen- und Tunnelbau. Von Dipl.-Ing. A. Birk, Prof. a. d. Techn. Hochschule in Prag. Mit 110 Abb. [V u. 117 S.] 1920. (Bd. 7.)

Landstraßenbau einschließlich Trassieren. Von Oberbaurat W. Euting, Stuttgart. Mit 54 Abb. i. Text u. a. 2 Taf. [IV u. 100 S.] 1920. (Bd. 9.)

Eisenbetonbau. Von H. Kayser, Prof. an der Techn. Hochschule in Darmstadt. Mit 209 Abb. i. Text. [IV u. 129 S.] 1923. (Bd. 19.)

Hochbau in Stein. Von Geh. Baurat H. Walbe, Prof. an der Tech. Hochsch. in Darmstadt. Mit 302 Fig. i. Text. [VI u. 110 S.] 1920. (Bd. 10.)

Veranschlagen, Bauleitung, Baupolizei, Heimatschutzgesetze. Von Stadtbaurat Fr. Schultz, Bielefeld. Mit 3 Taf. [IV u. 150 S.] 1921. (Bd. 12.)

Leitfaden der Baustoffkunde. Von Geheimrat Dr.-Ing. M. Foerster, Prof. an der Technischen Hochschule in Dresden. Mit 57 Abb. im Text. [V und 220 S.] 1922. (Bd. 15.)

Mechanische Technologie. Von Dr. R. Escher, weil. Professor a. d. Eidgenössischen Technischen Hochschule in Zürich. 2. Aufl. Mit 418 Abb. im Text. [VI u. 164 S.] 1921. (Bd. 6.)

Weitere Bände befinden sich in Vorbereitung

VERLAG VON B. G. TEUBNER IN LEIPZIG UND BERLIN

MIX
Papier aus verantwortungsvollen Quellen
Paper from responsible sources
FSC® C105338

If you have any concerns about our products,
you can contact us on
ProductSafety@springernature.com

In case Publisher is established outside the EU,
the EU authorized representative is:
**Springer Nature Customer Service Center GmbH
Europaplatz 3, 69115 Heidelberg, Germany**

Printed by Libri Plureos GmbH
in Hamburg, Germany